LE
MONDE
DANS LA LVNE:

DIVISE EN DEVX LIVRES.

Le Premier, prouuant que la Lune peut
estre vn Monde.

Le Second, Que la Terre peut-estre
vne Planette.

De la Traduction du Sr de la MONTAGNE.

*Mais dequoy (diras-tu) me peut-il seruir de
sçauoir cela ? Si ce n'est pour autre chose, au
moins i'apprendray qu'il n'y a rien en ce Monde qui ne soit de peu de valeur.* Seneque en
sa Preface au premier Liure de ses Questions Naturelles.

A ROVEN,
Chez IACQVES CAILLOÜE', dans
la Cour du Palais.

M. DC. LV.

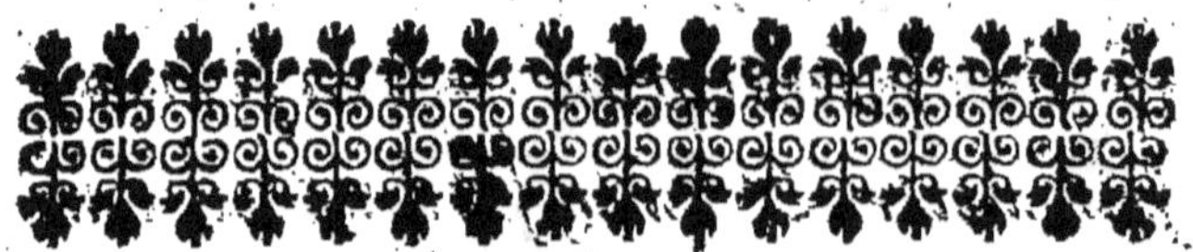

AV LECTEVR.

N donnant à ma
Patrie la Traduction
de cette Piece curieu-
se & pleine de belles
choses comme ayant
vn Sçauant homme pour Autheur,
& qui est fort celebre en son Pays
pour les excellens Ouurages qu'il a
mis au iour, tant en Theologie qu'en
Mathematique : Ie croyrois faire
tort à ce docte Traicté, si i'vsois d'autre Preface que d'aduertir seulement
le Lecteur d'en approcher auec vn
esprit desinteressé & despoüillé de
passion, l'asseurant qu'en s'y prenant
de la sorte, Ie ne doute point qu'il
n'y rencontre autant de satisfaction

13800

[illegible]

Cet ouvrage est d'un Anglois nommé
le Docteur Wilkins qui avoit
pousé la Soeur du protecteur
Cromwel dont vient une fille qui
a esté la femme du Docteur
Tillotson archeveq. de Canterbury
pendant la revolution en'angl
angleterre sous Jacques 2

il est bien parlé de Ce Docteur Wilkins
dans le premier et second tome de
L'histoire d'Angleterre de Burnet
il fut promu a L'evesché de Chester
par la recommandation de george
villiers Duc De Buckingham

voyez les memoires pour servir a
L'histoire des hommes illustres. p. 4
article Jean Wilkins

& de contentement qu'il en sçauroit
souhaitter, & qu'enfin il ne soit contraint de demeurer tout à fait d'accord de ces deux Assertions auec mon
Autheur; ou du moins ne les pas
croire estre autant esloignées de la vé-
rité, qu'elles le sont de l'opinion commune.

Mais si nonobstant tout cela, &
si apres un grand nombre d'Autheurs des plus sçauans de ce siecle,
qui au fond ont si bien esclairci ces
matieres, qu'ils n'ont plus laissé de
lieu d'en douter, il se trouue encore
des personnes si superstitieusement
scrupuleuses que d'apprehender tousiours qu'il n'y ait en ces opinions de la
pluralité de Monde & du mouuement de la Terre quelque chose qui
choque la Religion ou l'Escriture,
sous ombre que quelques uns autrefois semblent les auoir reiettées, aussi

Comme
Gassen-
dus.
Descar-
tes, & di-
uers au-
tres.

bien que celle des Antipodes, quoy qu'à present il n'y ait rien de plus vray ni de plus certain: ces personnes là me permettront de leur
dire franchement, qu'à moins que de se creuer
tout exprés les yeux de l'entendement & re-
noncer au sens commun, il faut de toute necessité qu'ils auoüent & qu'ils reconnoissent,
que tant s'en faut qu'il y ait rien en l'une ou
en l'autre de ces opiniõs qui deroge en la moindre façon du monde à la Foy, à l'Escriture,
ou à la Raison, qu'au contraire ils trouueront
qu'elles s'accordent extrémement bien auec
toutes les trois, & contribuent infiniement à
la plus grãde gloire du Createur. Comme cela
se pourra voir par la lecture de ce discours,
lequel effectiuement, suiuant son principal
but, leue tous ces doutes & scrupules, & respond tres solidement à toutes les obiections, &
à tous les principaux argumens que ceux de
contraire sentiment tirent de la Raison ou
de l'Escriture.

Pour plus grande preuue dequoy, outre

le tefmoignage de quantité de *Theologiens*
qui font citez en ce *Traicté*, le Lecteur pourra encor voir en paffant comme par furcroift
de bonne mefure, ces mefmes veritez confirmées, dans le *Liure intitulé* la Philofophie
Naturelle des Anciens reftablie en fa
pureté, attribuée à ce grand homme *Mon-
fieur d'Efpagnet* Prefident au Parlement de
Bordeaux, imprimé il n'y a pas bien long
temps à *Paris* auec Priuilege du Roy, &
mefme auffi dedié à l'Illuftriffime & Reue-
rendiffime Euefque d'Auxerre.

Car fi en ces opinions icy il y auoit quelque
chofe qui repugnaft à la Foy ou à l'Efcriture, il n'eft pas croyable qu'on euft donné de
Priuilege à cette piece là, ou qu'vn fi fameux
Prelat en euft accepté la Dedication.

Au refte quant à ce qui regarde ma Traduction, ie me contenteray d'en dire pour
toute chofe, qu'elle eft fidelle, claire, voire
(ie le dis fans vanité) beaucoup plus intelli-
gible que n'eft l'original mefme, & dont la

lecture, si ie ne me flatte, ne sera pas desa-
greable.

En fin si en ces matieres espineuses, &
ou i'ay trauaillé tout seul sans aide & sans
assistance il m'est arriué en quelque endroit
de broncher ou de m'esgarer: c'est à dire man-
quer en quelques mots ou termes propres de
l'Art, ce que ie ne pense pas pourtant;
ma consolation est, que comme d'vn costé
i'espere que les Sçauans me le pardonneront
volontiers & y suppleeront aisément: qu'aussi d'autre part ie m'asseure que les ignorans
ne s'en appercevront point.

Et pource qui est des fautes suruenuës
en l'Impression; il n'y en qu'vne qui merite
d'estre notée, assauoir au Premier liure, depuis la Page 13. iusqu'à la page 238. (excepté Page 89. ligne premiere, & page 209.
ligne 3. & 8.) ou par tout où l'on trouuera
globe ou globes; il faut lire, Orbe ou Or-
bes. Les autres fautes, qui sont en tres petit
nombre, ne sont que d'vne lettre pour vn au-

tre, (excepté page 12. ligne 14. où pour
somme, il faut lire sommeil, & page 253.
li.18.il faut lire, De mesme en est-il, &c.)
& ainsi les plus simples y suppleeront aisément. Voila ce que i'ay iugé à propos de dire
& de remarquer sur ce suiect.

Et finissant comme i'ay commencé, ie prie-
ray le Lecteur de lire cet Ouurage depuis
vn bout iusqu'à l'autre premier que d'en rien
prononcer, pour en suite estre en pleine liberté d'en croire ce qu'il voudra : ne desirant
pas obliger qui que ce soit à embrasser aucune chose de cette nature, sans estre bien
persuadé de sa verité par la force de la raison.

LIVRE PREMIER.

QVE LA LVNE
PEVT ESTRE
VN MONDE.

PREMIERE PROPOSITION
par forme de Preface.

Que la Noueauté de cette opinion, n'est pas vne suffisante raison pourquoy on la doiue rejetter; parce que d'autres veritez certaines ont esté autrefois estimées ridicules, & que de grandes absurditez, au contraire, ont esté receuës par vn consentement general.

IL y a vne certaine ardeur & auidité apres la noueauté, qui reste tousiours attachée à la nature des hommes, & fait partie de cette premiere image : c'est à sçauoir

A

cette vaste estenduë & infinie capacité creée au commencement dans le
cœur de l'homme. Car depuis sa de-
prauation en Adam s'apperceuant
estre vuide de tout bien, il empoigne
maintenant chaque chose nouuelle,
s'imaginant qu'il pourra possible trouuer dequoy se satisfaire en quelqu'vne
des creatures ses compagnes. Mais
nostre aduersaire le diable, qui tasche
par tous móyens de peruertir nos
dons & nous battre auec nos propres
armes, à tant fait par ses adresses,
qu'auiourd'huy toute verité semble
desgoustante & fade pour la mesme
raison qui fait embrasser l'erreur, assauoir sa Nouueauté. Car que quelque
nouuelle heresie soit seulement pro-
posée & mise en auant, & il se trouuera tout aussi tost des personnes qui la
prendront pour canonique, & en feront partie de leur croyance & de leur
foy: au lieu que la verité demeure seule, & ne sçauroit en aucun lieu trouuer
vn si prompt accueil : mais cette mesme Nouueauté qu'on tient estre la
loüange de l'erreur & qui la rend

agreable, est estimée le defaut de la verité, & fait qu'elle est rejettée.

Auec quel estonnement le monde
incredule regardoit-il Christophle
Colomb, lors qu'il promit de descouurir vne autre partie de la Terre ? &
mesme ce grand homme ne pût par
vn long espace de temps, quelque as-
seurance qu'il en donnast, induire aucun des Princes Chrestiens à acquies-
cer à son opinion, ni les obliger à fournir aux frais d'en faire l'experience.
Or si ce personnage qui estoit si bien
fondé pour ce qu'il affirmoit ne pût
trouuer meilleur accueil parmi tous
les plus grands & plus eminens du
monde : il n'y a gueres d'apparence
que cette opinion que ie propose
maintenant, puisse receuoir de la part
des hommes de ce temps, & principalement des esprits vulgaires, autre
chose que de l'incredulité & de la de-
rision.

C'a tousiours esté le malheur des
veritez nouuelles dans la Philosophie,
de seruir de risée à ceux qui ignorent
la cause des choses, & d'estre reiettées

de ceux qui par vne certaine peruerſi-
té d'humeur , ſe plaiſent à s'oppoſer
inceſſamment à l'opinion d'autruy, &
dont l'enuie & l'orgueil n'approuue
rien de nouueau pour veritable, que
ce dont eux-meſmes ont eſté les premiers Autheurs. De ſorte que ie ne
puis attendre autre choſe que d'eſtre
accuſé d'ignorance & d'vne hardie
oſtentation : ſur tout puis que pour
cette meſme opinion Xenophanes,
homme dont la ſeule authorité eſtoit
capable de faire adiouſter foy à ſon aſſertion, n'a pû eſchapper pareille cen-
ſure. Car Natalis Comes parlant de ce
Philoſophe & de cette ſienne opinion,
Mytholog. dit : *Il y en a qui pour monſtrer qu'ils n'i-*
li.3.cap.17. *gnorent rien , introduiſent en la Philoſo-*
phie des nouueaux monſtres, afin de paſſer
enſuite pour inuenteurs de quelque choſe.
Et ce meſme Autheur en vn autre endroit accuſe auſſi de folie Anaxagore
pour cette meſme opinion. *Car,* dit-il,
Lib.7.c.1. *ce n'eſt pas vn petit degré de folie de pro-*
noncer hardiment de choſe propoſée , ſans
l'entendre, & ſans ſçauoir que dire.

Si ces perſonnages là ont eſté cenſurez de la forte, ie puis bien m'attendre que la plufpart fe mocqueront de moy, & que ie ne feray creu que de peu ou point de perfonnes : principalement puis que cette opinion femble eftre accompagnée de tant d'extrauagance & de contradiction au fentiment vniuerfel des autres. Mais quoy qu'il en foit ie fuis refolu de ne point perdre courage pour cela, puis que ie fçai tres bien que ce n'eft pas l'opinion commune qui puiffe ou rien adiou-fter, ou rien diminuer à la verité. Car,

1. D'autres veritez ont efté autres-fois eftimées de tout poinct auffi ridicules que celle-cy.

2. Des abfurditez groffieres ont efté receuës par l'opinion generale & d'vn commun confentement.

I'en donneray icy vn exemple de l'vn & de l'autre, afin de pouuoir mieux preparer le Lecteur à confide-rer les chofes fans preiugé, quand il verra que l'oppofition commune à l'encontre de ce que i'affirme, ne peut en aucune façon rien diminuer de la verité de la chofe.

1. D'autres veritez ont esté autrefois estimées aussi ridicules. Tesmoin les Antipodes, dont plusieurs grands & doctes personnages se sont mocquez, comme entr'autres Herodote, Saint Chrysostome, S. Augustin, Lactance, le venerable Bede, Lucrece le Poëte, & ce grand Escriuain Abulensis ; ensemble tous ces Peres ou autres Autheurs qui ont nié la rotondité des Cieux. Herodote l'estimoit estre vne si horrible absurdité, qu'il ne pouuoit s'empescher de rire quād il y pensoit. *Ie ne me sçaurois tenir de rire, dit-il, de voir tant de personnes se hazarder à descrire le tour de la terre, racontans des choses où il n'y a du tout point de sens, comme que la Mer coule tout à l'entour du Monde, & que la terre mesme est ronde comme vn globe.* Mais cette grande ignorance n'est pas tant à admirer en luy, qu'en ces plus sçauans & plus celebres personnages des derniers temps où toutes les sciences ont commencé à fleurir. Comme par exemple, sainct Chrysostome, qui en son Homelie 14. sur l'Epistre aux Hebrieux, fait vn

Voyez Ioseph Acosta de nat. noui orbis lib. 1, ca. 1.

deſſi à quiconque oſe maintenir que
les Cieux ſont ronds, & non pas pluſtoſt comme vne Tente ou Pauillon.
De meſme S. Auguſtin, lequel cenſu- *De Ciuit.*
re ce recit des Antipodes côme eſtant *Dei lib. 16.*
vne fable incroyable; & auec luy s'ac- *c. 9.*
corde l'eloquent Lactance. *Que dirons*
nous, dit-il, *de ceux qui penſent qu'il y ait* *Inſtit. li. 3.*
des Antipodes, & des hommes qui che- *cap. 24.*
minent les pieds contre les noſtres? Y a-il
de l'apparence à ce qu'ils diſent? où y a-t'il
quelqu'vn ſi ſot & ſi ignorant que de croi-
re qu'il y ait des hommes qui en cheminant
ayent les pieds plus haut que leurs teſtes?
que des choſes qui chez nous giſent à ter-
re, ſoient là renuerſées & pendantes? que
les bleds & les arbres croiſſent contre bas?
que la greſle, la pluye & la neige tombent
vers haut en terre? & admirons nous les
iardins ſuſpendus, & les mettons-nous au
au nombre des ſept Merueilles, veu qu'icy
les Philoſophes font les champs & les
Mers, les Villes & les Montagnes pen-
dantes en l'air? Quoy! penſerons-nous
dit quelqu'vn dans Plutarque, que les
hommes ſe tiennent attachez à ce lieu
là comme artiſons, ou y pendent par

les ongles comme des chats ? ou si
nous supposons qu'vn homme fouyt
la terre auec vne besche vn peu par de
là le centre, est-il vray semblable, comme il le faudroit necessairement selon
cette opinion, que la terre qu'il déta-
cheroit remontast d'elle mesme vers
haut ? ou bien si nous nous figurons
deux hommes ayãs le milieu du corps
enuiron au centre, les pieds de l'vn
estans placez là où est la teste de l'autre, & ainsi deux autres hommes les
trauersans en forme de croix ; croi-
rons-nous neantmoins, que tous ces
hommes ainsi placez & situez se tins-
sent tous droit debout, comme il le
faudroit selon cette opinion ? Plusieurs autres consequences grossieres
s'en ensuiuroient, ce que nulle imagination ne peut pas conceuoir estre
possible. Sur lesquelles considerations,
a Bede nie aussi qu'il y ait des Antipodes, disant : *Il ne faut pas authoriser plus
long temps les fables qu'on nous debite
des Antipodes.* Ainsi le Poëte Lucrece
parlant du mesme suiet, dit : *b* Que
quelque esprit extrauagant à feint &
con-

a Neque
enim Anti-
podarum
vllatenus
est fabulis
accommo-
dandus as-
sensus.
De ratione
temporum
cap. 32.
b Sed vanus
stolidis hæc

controuué ces choses pour les faire croire aux fols & aux ignorans.

De cette opinion estoit pareille-ment Procopius Gazæus, mais persua-dé à cela par vne autre sorte de raison. Car il estimoit que toute la terre qui est sous nous estoit submergée dans l'eau, suiuant le dire du Psalmiste, *Il a fondé la terre sur les Mers* : & partant ne l'estimoit pas estre du tout habitée. Voire mesme Tostatus, homme po-sterieur à tous ceux-ci, & d'vn sçauoir vniuersel, nie aussi hardiment qu'il y ait des Antipodes, bien que la raison qu'il en donne ne soit pas si absurde que la precedente. Car, dit-il, les Apo-stres voyagerent par tout le Monde habitable, mais ne passerent iamais la ligne equinoxiale. Et si vous respon-dez qu'ils sont dits auoir esté par tou-te la terre, parce qu'ils ont esté par tout le Monde connu : il replique que cela n'est pas suffisant, puis que Iesus Christ veut que tous hommes soient sauuez & viennent à la cognoissance de sa verité, & partant qu'il estoit con-uenable & necessaire qu'ils eussent

B

omnia fin-xerit error.
De nat. re-rum lib. 1.
Comment. in 1. cap. Genes.

Psal. 24. 2.

Comment. in 1. Genes.

1. Tim. 2. 4.

auſſi voyagé en ces lieux là s'il y euſt eu des habitans : ſpecialement puis que Ieſus Chriſt leur auoit expreſſement commandé d'aller endoctriner toutes nations & de preſcher l'Euangile par tout le Monde : & partant il croid que comme il n'y a point là d'hommes, qu'auſſi n'y a-il point là de Mers ni de riuieres, ni aucune autre commodité propre pour l'habitation. On raconte que Virgile Eueſque deSaltſbourg fut excommunié par Zacharie Eueſque de Rome, pource qu'il n'eſtoit point du ſentiment de ces gens là.Mais Baronius dit que ce fut à cauſe qu'il croyoit qu'il y auoit vn autreMonde habitable au dedans dunoſtre.Quoy qu'il en ſoit,vous pouuez voir ſuffiſamment par ces exemples, auec quelle opiniaſtreté & obſtination pluſieurs de ces ſçauans hommes là ſe tenoient fermé attachez en vne erreur ſi groſſiere, combien peu d'apparence il y auoit ſelon eux, & quelle choſe incroyable ce leur ſembloit eſtre qu'il y euſt des Antipodes: & neantmoins cette verité main-

S.Matt.28. 19.

Auentin. Annal. Boiorum. li.3.

Annal. Eccleſ. Anno Domini 748.

tenant est auſſi certaine & claire, qu'-
aucun ſens ou demonſtration la puiſſe
rendre. Celle-ci donc que ie propo-
ſe ne doit pas eſtre reiettée, quoy
qu'elle ſemble contrarier à l'opinion
commune.

2. Des abſurditez groſſieres ont
eſté receuës d'vn conſentement general. I'en pourrois produire pluſieurs
exemples remarquables ; mais ie ne
parleray ſeulement que du trauail ſuppoſé de la Lune en ſes Eclipſes, pource qu'il approche le plus de la matiere
que nous auons en main, & dont nous
traictons maintenant, & pource que
ç'a eſté vne commune opinion receuë
parmy pluſieurs des anciens. Iuſques
à qu'ils appelloient les Eclipſes, du
nom de παθη paſſions, ou ſelon la
phraſe des Poëtes,

Solis Lunæque labores.

Et pour cette cauſe Plutarque parlant d'vne Eclipſe de Lune, rapporte
qu'en telles occaſions, les Romains
qui eſtoient les plus ciuiliſez & plus
çauans peuples du Monde) auoient
le couſtume de ſonner des inſtrumens

d'airain, & de hauſſer quant & quant
vers le Ciel nombre de groſſes tor-
ches allumées. Car ils s'imaginoient
que la Lune par ce moyen là , eſtoit
beaucoup ſoulagée: Et partant Ouide
appelle ces inſtrumens reſonnans &
menans bruit, les auxiliaires ou aides
de la Lune.

Cum fruſtra reſonant æra auxiliaria
Lunæ.

Et c'eſt pourquoy Iuuenal auſſi deſ-
criuant vne femme criarde, dit, qu'elle eſt capable de faire aſſez de bruit
pour ſecourir la Lune dans ſa couche
& dans ſon trauail.

Vna laboranti poterit ſuccurrere
Lunæ.

Or la raiſon de toute cette cere-
monie eſtoit , pource qu'ils crai-
gnoient que le Monde ne s'endormiſt
quand ils voyoient qu'vn de ſes yeux
commençoit à ſe fermer , & partant
faiſoient tout leur poſſible par ſons
bruyans pour la reſueiller de ſon ſom-
me & l'empeſcher de dormir ; & par
des flambeaux allumez luy redonner

la lumiere qu'elle commençoit à perdre.

Quelques-vns d'entr'eux pensoient
aussi par ce moyen la retenir dans son
globe, autrement elle fust tombée en
terre, & le Monde eust perdu vn de
ses luminaires. Car ce peuple credule
estimoit que les sorciers auoient pouuoir de tirer du ciel la Lune, ce qui fit
dire à Virgile,

Carmina vel cælo possunt deducere
Lunam.

Et ces Magiciens là sçachans les
temps de ses Eclipses, ils menaçoient
alors de faire paroistre leur art & leur
pouuoir, en l'arrachant de son globe.
Tellement que dés que cette simple
populace apperceuoit que la Lune
commençoit à deuenir tant soit peu
rougeastre, ce peuple di-ie, apprehen-
doit incontinent de perdre le benefice
de sa lumiere,& partant menoit grãd
bruit , afin que la Lune n'entendist
point le chant de ces charmes là , lesquels autrement l'eussent fait tresbu-
cher en bas. Et c'est la raison aussi que
donnent Pline & Propertius pour

cette couſtume là:

Hiſt. Nat.
l.4. ç. 12.

*Cantus & è curru Lunam deducere
tentant,*

Et facerent , ſi non æra repulſa ſonent.

Plutarque en donne vne autre raiſon , & dit que c'eſtoit pour haſter la
Lune de ſortir hors de cet endroit tenebreux dans lequel elle eſtoit enue-
loppée, afin d'emporter par ce moyen
les ames des bien-heureux qui habitent au dedans d'elle, & qui iettent de
grands cris à raiſon qu'elles ſe voyent
alors priuées de leur felicité accouſtu-
mée, & ne ſçauroient plus ouyr l'harmonie des corps celeſtes , mais ſont
çontraintes de contempler les tourmens & ouyr les lamentations des
ames des damnez , qui leur ſont re-
preſentées comme eſtans geſnées en
la region de l'air. Mais d'où que puiſſe eſtre venuë cette ſotte ſuperſtition,
ſoit de ce que nous auons declaré, ou
d'ailleurs ; il eſt neantmoins certain
que c'eſtoit vne couſtume tres ridicule, & qui deſcouuroit vne profonde
ignorance en ces anciens ſiecles là.
Sur tout puis qu'elle n'eſtoit pas re-

ceuë par le vulgaire seulement, & par
ceux de moindre estime & de sçauoir:
mais estoit aussi creuë & embrassée
par les plus fameux & plus sçauans
Personnages, tels que ces grands Poëtes Stesichorus & Pindare. Et cela
mesme non seulement parmi les sots
& badins Payens, qui eussent pû estimer cette Planette estre vn de leurs
dieux : mais mesmes les premiers
Chrestiens en estoient aussi coupables.
Ce qui obligea S. Ambroise à repri-
mander si aigrement ceux de son téps
en ces mots : *Quand vos yeux sont trou-*
blez par la vapeur du vin, vous croyez
que la Lune est troublée par des charmes.

Et c'est pourquoy aussi Maximus
Euesque de Tours, fit vne homelie à
l'encontre, dans laquelle il faisoit voir
l'absurdité de cette sotte superstition.
Ie me souuien que Louys Viues Espa-
gnol nous fait vne histoire encor plus
ridicule, d'vn certain peuple qui em-
prisonna vn asne pour auoir beu &
auallé la Lune, dont l'image parois-
sant en l'eau, fut couuerte d'vn nuage
pendant que l'asne beuuoit, pour la-

quelle chose la pauure beste fut menée
deuant le tribunal pour y receuoir sentence selon ses demerites, là où le
graue Senat ayant pris seance pour
examiner l'affaire, vn des Senateurs
(plus habile peut estre que tous les
autres) se leua, & selon son profond
jugement ne trouua pas conuenable
que leur ville perdist sa Lune, mais
plustost que cét asne fust ouuert, afin
de l'en retirer. Laquelle Sentence ayãt
esté approuuée de tout le reste de ces
grands politiques là, comme le plus
subtil moyen pour la decision de l'affaire, fut conformement mise à exe-
cution. Mais si ce conte est vray ou
non, ie n'en veux pas disputer. Quoy
qu'il en soit il y a assez d'absurdité en
cette coustume precedente des anciens
pour confirmer la verité que i'ay à
prouuer, & pour faire voir l'insuffi-
sance de l'opinion commune à donner
poids ou vraye valeur à quelque chose
que ce soit. De maniere que de ce que
i'ay de-ja dit, se peut recueillir.

1. Qu'vne verité nouuelle peut sembler absurde & impossible, non seulement

ment au vulgaire, mais aussi à ceux qui d'ailleurs sont & prudens & tres sçauans personnages : & de là il s'en-suiura que toute chose nouuelle qui semble s'opposer aux communs principes n'est pas pour cela incontinent à reietter, mais plustost doit estre examinée auec diligente recherche, puis qu'il y a plusieurs choses qui nous sont encore cachées, & dont la connois-sance est reseruée à ceux qui viendront apres nous.

2. Qu'vne opinion, pour commune & generalement receuë qu'elle soit, n'en est pas plus veritable : le chemin qui fait errer est quelquesfois vn sentier assez battu, au lieu que le vray & droit chemin (specialement aux veri-tez occultes) l'est beaucoup moins, & plus inconnu.

Il est vray que l'estrangeté de cette opinion que ie mets en auant pourra diminuer beaucoup de sa creance, mais neantmoins nous deuons sçauoir que rien n'est de soy-mesme estran-ge, puis que chasque effect naturel à vne esgale dependance de sa cause &

C

la ſuit neceſſairement: Tellement que
c'eſt noſtre ignorance qui fait paroiſtre les choſes telles. De là vient que
pluſieurs veritez plus euidentes, ſemblent incroyables à ceux qui ne ſça-
uent pas la cauſe des choſes. Vous
pourriez auſſi toſt perſuader à vn pay-
ſan que la Lune eſt faite de formage
mol, comme on dit en commun pro-
uerbe, que de luy faire croire qu'elle
ſoit plus grande qu'vne des rouës de
ſa charette, puis que l'vne & l'autre de
ces choſes ſemble eſgalement deſ-
mentir ſes yeux, & qu'il n'a pas en luy
aſſez de raiſon pour le conduire plus
loin que ſes ſens. Voire, dit Plutarque, poſez le cas qu'vn Philoſophe
fuſt nourri & eſleué en vn lieu ſi ſoli-
taire & ſi caché qu'il ne peuſt voir ni
Mer ni riuiere, & qu'on le menaſt puis
apres en vn autre lieu d'où on luy
pourroit monſtrer le grand & vaſte
Ocean, luy declarãt la qualité de cette
eau là qui eſt ſalée & non potable, &
qu'il s'y trouue neantmoins quantité
de grands animaux de toutes formes
& façons qui y viuent & qui ſe ſer-

uent de l'eau comme nous nous ser-
uons de l'air : il se mocqueroit sans
doute de tout cela, comme d'autant
de mensonges & de fables prodi-
gieuses, sans aucune couleur de verité. De mesme cette verité que ie pu-
blie semblera estrange aux autres,
parce que l'on n'a iamais songé à telle
chose qu'vn Monde dans la Lune, &
que l'estat de ce lieu là nous a esté voi-
lé iusques ici, & n'est point paruenu à
nostre connoissance, & partant à peine y pouuons-nous consentir. Les
choses qui sont tout a fait estranges à
nos pensées & à nos sens, sont rarement embrassées. L'ame peut auec
moins de difficulté estre induite à
croire quelque absurdité que ce soit,
quand auparauant elle en a esté imbuë
par quelque apparence & probabilité:
Mais lors qu'vne verité nouuelle &
inouye se presente deuant elle, quoy
qu'elle soit bien fondée & accompagnée de bonnes raisons, si est-ce que
l'entendement en a tousiours peur
comme d'vne estrangere, & n'ose
l'admettre à sa croyance sans beau-

C ij

coup de reſiſtance, & ſans la bien eſ-
prouuer. Et d'ailleurs, les choſes qui
ne ſont point manifeſtées à nos ſens,
ne ſont pas receuës ſans quelque trauail d'eſprit & diſcours de l'entendement ; & quantité d'ames laſches &
pareſſeuſes aiment mieux ſe repoſer
doucement ſur l'oreiller d'vne facile
erreur, que de prendre la peine de rechercher & deſcouurir la verité. La
nouueauté donc de cette opinion
pourra en empeſcher la creance, mais
il n'y faut pas auoir eſgard puis qu'il
n'y a point de remede. I'ay inſiſté
d'autant plus long temps en cette Preface, à cauſe que le preiugé que le ſeul
tiltre de ce liure peut faire naiſtre, ne
peut pas aiſément eſtre leué ſans grande preparation, & que d'ailleurs ie
n'euſſe peu autrement rectifier les
penſées du Lecteur, pour faire vne re-
ueuë deſintereſſée du diſcours ſuiuant.

I'aduouë qu'encore que i'aye ſou-
uent penſé en moy-meſme qu'il pouuoit y auoir vn Monde dans la Lune,
ſi eſt-ce neantmoins que cette opi-

nion me sembloit si estrange , que ie
n'ay iamais osé la descouurir, de peur
d'estre estimé affecter la singularité,
& me rendre ridicule. Mais apres
auoir leu Plutarque, Galilée, Keppler,
& autres, & trouuant que plusieurs
de mes pensées estoient confirmées
par vne si forte authorité : Ie conclus
alors qu'il estoit non seulement possible qu'il y eust vn Monde habitable
dans cette Planette là , mais mesme
aussi tres probable. En la poursuite de
laquelle affirmation, ie tascheray premierement à leuer toutes les doutes
& tous les scrupules qui se pourroient
trouuer dans le chemin pour en empescher le progrez & le passage. Et
d'autant que les suppositions inferées
en cette opinion pourroient sembler
estre contraires aux principes de la
raison ou de la foy ; il est requis &
necessaire en premier lieu d'oster ce
scrupule là , en monstrant l'accord &
la conuenance qu'elles ont auec l'vne
& l'autre, & prouuant ces veritez qui
ouurent le passage au reste ; ce que ie
m'efforceray de faire au second, troi-

fiéme, quatriéme & cinquiéme chapitres, & puis apres ie pourfuiuray de
confirmer les Propofitions qui appartiennent plus directement au principal poinct que nous auons en main.

PROPOSITION II.

Que la pluralité de Mondes ne repugne à
aucun principe de la raifon ou de la
Foy.

N dit d'Ariftote qu'apresqu'il
eut veu les Liures de Moyfe,
il les loüa hautement pour
leur ftile maieftueux & qui conuenoit
bien à vn Dieu : mais quant & quant
qu'il blafma & reprint cette maniere
d'efcrire, comme tres mal conuenable à vn Philofophe, parce qu'il n'y
prouuoit rien, mais que les matieres
y eftoient propofées comme s'ils vou-
loient pluftoft en commander qu'en
perfuader la croyance. Et il fe remarque de luy au contraire, qu'il ne cou-

che rien par escrit sans le confirmer par les plus fortes raisons qu'on se sçauroit imaginer, à peine se trouuant aucun argument de consideration dans la Philosophie sur quelque suiet que ce soit, que l'on ne puisse recueillir de ses escrits: Et partant il est bien vray semblable que s'il y eust eu dans la raison quelque necessité d'vn seul Monde, il auroit sans doute trouué quelque preuue necessaire qui l'eust confirmée, veu principalement qu'il se trauaille tant & plus pour cet effect en deux chapitres tous entiers. Or *De cœlo lib. 1. cap. 8. 9.* tous les argumens qu'il produit sur ce suiet sont tres foibles, & assez esloignez d'auoir en eux aucun pouuoir conuainquant. Doncques il y a bien de l'apparence que la pluralité de Mondes ne contrarie point à aucun principe de la raison. Quoy qu'il en soit, i'infereray ici les deux principaux argumens tirez de ses propres escrits, & d'iceux vous pourrez iuger de la force & validité des autres.

Le premier est cettui-cy. Veu que *Ibidem.* tout corps pesant tend naturellement

en bas , & tout corps leger en haut,
quelle confufion y auroit-il s'il y auoit
deux diuers lieux pour les chofes pe-
fantes , & deux pour les chofes lege-
res ? car il eft bien probable que la terre de cet autre Monde là tomberoit à
ce centre ici , & qu'auffi reciproque-
ment l'air & le feu d'ici monteroient
à ces regions là de l'autre Monde, ce
qui derogeroit beaucoup à la prouidence de la nature , & cauferoit vn
grand defordre en fes œuures.

Mais cette raifon eft foible, comme
dit Zanchius. Et fi vous confiderez
bien la nature de la pefâteur, vous apperceurez clairement qu'il n'y a point
fuiet de craindre vne telle confufion.
Car la pefanteur n'eft autre chofe fi-
non vne qualité , qui caufe vne propenfion en fon fuiet à tendre en bas
vers fon propre centre : tellement que
fi vn morceau de cette terre là fe ve-
noit rendre icy , cela ne fe pourroit
pas dire vne cheute ou defcente, mais
pluftoft vne efleuation ou afcenfion,
veu qu'il fe feroit meu de fon propre
lieu, ce qui feroit impoffible, dit Ru-
uio,

De operib.
Dei , part.
2. lib. 2.
cap. 2.

uio, d'autant que cela est contre nature, & partant qui n'est non plus à craindre que la cheute des Cieux.

Si vous repliquez qu'il faudroit
donc, selon cette maxime, qu'il y eust
plusieurs centres de pesanteur : ie responds que cela est tres croyable ; &
mesme nous ne pouuons pas conceuoir ce qu'vn morceau de la Lune feroit s'il estoit separé de son corps en
plein air libre & ouuert, sinon que
d'y retourner.

L'autre argument qu'il a eu de son
Maistre Platon est, qu'il n'y a qu'vn
Monde, parce qu'il n'y a qu'vn pre-
mier Moteur, assauoir Dieu.

Mais cette raison est encore tres
foible, & pouuons à bon droit nier la
consequence, puis que la pluralité de
Mondes n'oste pas l'vnité du premier
Moteur. *Car*, comme dit vn certain
Autheur, *la premiere cause efficiente se*
reuest d'vne multiplicité apparente de sa
matiere particuliere, tout de mesme que la
forme substantielle. Vous pouuez voir
ce poinct traicté plus amplement, &
la responce au long faite à ces argu-

D

De cœlo
lib. 1. cap.
9. q. 1.

Nic. Hill.
de Philoso-
ph. Epic.
partic. 379.

mens par Plutarque, dans ſon liure.
Pourquoy les Oracles ont ceſſé, &
dans Carpentarius en ſon Commentaire ſur Alcinous.

Mais nos aduerſaires les interpretes
meſmes, qui ne iurent que trop ſou-
uent ſur les paroles de leurs Maiſtres,
accorderont qu'il n'y a aucune force
en ces conſequences là : & certainement donc tels foibles argumens ne
pouuoient pas conuaincre ce ſagePhi-
loſophe qui en ſes autres ſentimens ne
ſe laiſſoit emporter qu'à la force de la
raiſon. C'eſt pourquoy ie croirois
bien pluſtoſt que quelque conſidera-
tion particuliere le pouſſa premierement à conſentir à cette opinion, &
puis apres à s'efforcer de la prouuer.
Peut eſtre fut ce à cauſe qu'il craignoit
de meſcontenter ſon diſciple Alexandre, dont il eſt dit qu'il ſe mit à pleu-
rer amerement oyant diſputer d'vn
autre Monde, veu qu'il n'auoit pas encore atteint à la Monarchie de cettuy
ci. Son vaſte cœur inquiete & ſans
repos euſt eſtimé ce globe de la terre
n'eſtre pas aſſez grand pour luy s'il y

Plutat. de
tranq.
anim.

euſt eu vn autre Monde : ce qui fit dire à Iuuenal parlant de luy,

Æſtuat infœlix anguſto limite mundi.

Auparauant, il penſoit ſe ſeoir immediatement apres les Dieux : mais
maintenant apres tous ſes efforts, il
faut qu'il ſe contente d'auoir des Rois
pour ſes eſgaux, ou peut eſtre pour ſes
ſuperieurs,

Il ſe peut faire qu'Ariſtote fut induit
à cela, afin de pouuoir oſter à Alexandre l'occaſion de cette crainte & de ce
deſplaiſir : ou bien peut eſtre luy faſ-
choit-il autant à luy meſme de tenir la
poſſibilité d'vn Monde qu'il ne ſçauoit
deſcouurir, qu'à Alexandre d'ouyr
parler d'vn autre Monde qu'il ne pouuoit conquerir. Il y a bien de l'apparence, di-ie, que telles conſiderations
le porterent à tenir cette opinion, puis
que ſes plus zelez Sectateurs & Commentateurs confeſſent, que les argumens qu'il allegue pour la maintenir
ſont tres legers & tres friuoles, &
meſme demeurent d'accord eux-meſmes de ce que maintenant i'ay à prouuer, aſſauoir qu'il n'y a aucune eui-

dence en la lumiere de la raison naturelle, qui puisse demonstrer suffisamment qu'il n'y ait qu'vn seul Monde.

Mais quoy qu'il en soit, quelqu'vn
pourra obiecter & dire, cela seroit-il
point bien dangereux d'admettre telles opinions, qui destruisent ces principes d'Aristote que tout le monde à
suiui si long-temps?

Cette question a esté beaucoup agi-
tée par quelques Theologiens de l'E-
glise Romaine. Campanella entr'autres en a fait vn traitté expres en faueur de Galilée, dans lequel traitté
vous pouuez voir plusieurs choses di-
gnes de vostre lecture & de vostre obseruation.

Mais à cette objection ie respond,
que cette hypothese en Philosophie
n'apporte aucun incōuenient au reste,
puis que c'est la verité, & non pas Aristote qui doit estre la regle de nos opinions; & si Aristote ne s'accorde pas
auec la verité, nous pouuons dire de
luy ce qu'il disoit de son Maistre Platon.

Bien que Platon soit mon amy,

Apologia
pro Gali-
læo.

Ethic. lib.
x. cap. 6.

,,I'aime mieux m'attacher à la veri-
,, té qu'à luy.

Il faut aduoüer que nous sommes
tous extrémemét obligez à l'industrie
des Philosophes anciens, & plus particulierement à Aristote pour la plus
grande partie du sçauoir que nous
auons : mais ce n'est pourtant pas in-
gratitude en nous de nous opposer à
luy quand il s'oppose à la verité, car
autrement plusieurs des anciens Peres
seroient grandement coupables, &
principalement Iustin Martyr, lequel
a fait vn traitté expres contre luy.

Mais posons que cette opinion fust
fausse, si n'est-elle pas contre la foy,
& par consequent peut seruir de plus
forte confirmation à la verité : car par
le choc du contraste & du raisonne-
ment, l'erreur sera contrainte de sortir, & sera mise en euidence ainsi que
les estincelles par le choc de la pierre
& du fusil. Mais posons mesme qu'elle
fust heretique & contre la foy, encore
pourroit-elle estre admise auec le mesme priuilege que l'on accorde à Aristote, duquel sont procedées beaucoup

d'opinions plus dangereuſes : comme
que le Monde eſt eternel;que Dieu n'a
point de loiſir de vacquer à ces choſes
inferieures ; qu'apres la mort il n'y a
ni recompenſe ni peine,& tels ſemblables blaſphemes qui ſappent directement les poincts fondamentaux de
noſtre Religion.

De ſorte qu'on peut à bon droict
s'eſtonner pourquoy il y en a de ſi ſu-
perſtitieux en nos iours,que de s'attacher à luy de plus pres qu'à l'Eſcriture, comme ſi ſa Philoſophie eſtoit l'vn-
nique fondement de toutes les veritez
diuines.

Sur ces fondemens icy , S. Vincent
& Seraphinus de Firmo,au rapport de
quelques-vns, ont eſtimé qu'Ariſtote
eſtoit cette Phiole de l'ire de Dieu qui
fut verſée ſur les eaux de Sapience par
le troiſiéme Ange : mais pour moy ie
croy que le monde luy a beaucoup d'o-
bligation de toutes ſes belles connoiſ-
ſances.

Neantmoins ce ſeroit vne honte à
ces derniers ſiecles de ſe repoſer ſimplement ſur les labeurs de nos deuan-

Apocal.
16. 4.

ciers, comme s'ils nous auoient informez de tout ce qui se peut cognoistre,
& comme si estans montez sur leurs
espaules nous ne deuions pas voir plus
loin qu'eux. Ce seroit vne opinion &
superstitieuse & lasche d'estimer que
les œuures d'Aristote fussent les bornes & les limites de toute l'inuention
humaine, au delà desquelles il seroit
impossible d'atteindre. Certainement
il nous reste encore beaucoup de choses à descouurir, & n'y peut auoir
pour nous d'inconuenient de maintenir vne verité nouuelle, & rectifier
vne ancienne erreur.

Ouy, mais diront quelques-vns, cette hypothese est directement contraire à l'Escriture, car:

1. Moyse ne nous parle que d'vn
Monde seulement; & son histoire de
la Creation eust esté bien imparfaite
si Dieu en auoit fait vn autre.

2. S. Iean parlant des œuures de
Dieu, dit au nombre singulier qu'il
crea le Monde, & partant il n'y en
a qu'vn. C'est l'argument de Thomas d'Aquin; & mesme il s'imagine

Part.1. q.
47 art.3.

que personne n'y contredira que ceux qui auec Democrite croyent qu'vne aueugle destinée & non vne sage Prouidence, est la formatrice de toutes choses.

Annal.
Eccl. Anno
D. 748.

3. Autresfois l'opinion de plusieurs Mondes a passé pour heresie : & Baronius affirme que pour cette mesme raison, Virgile Euesque de Saltsbourg fut deposé de son Euesché & reietté de l'Eglise.

Ibidem.

4. Vn quatriéme argument est encore allegué par le mesme Thomas d'Aquin. S'il y a (dit-il) plusieurs Mondes, il faut qu'ils soient ou d'vne mesme, ou d'vne diuerse nature. Or ne sont-ils pas d'vne mesme espece, car cela seroit inutile, & feroit paroistre vn grand manque de preuoyance en la nature, puis que l'vn n'auroit pas plus de perfection que l'autre. Ils ne sont pas non plus d'vne diuerse nature, car alors l'vn d'iceux ne pourroit pas estre appellé Monde ou Vniuers, puis qu'il ne contiendroit pas vne perfection vniuerselle. I'allegue cet argument, parce que c'est surquoy insiste le plus

le plus *a* Iulius Cesar la Galla , lequel
a fait vn traicté exprès contre l'opinion que maintenãt ie mets en auant:
Mais ce Dilemme est si emoussé, qu'il
ne peut trencher de costé ne d'autre, &
les cõsequences si foibles, que i'ose bien
les abandonner sans responce. Mais en
passant, vous pouuez voir que là où ce
dernier Autheur tasche de prouuer la
necessité d'vn seul Monde, il quitte la
principale matiere dont il s'agist , &
prend beaucoup de peine à disputer
inutilement contre Democrite, lequel
estimoit que le Monde auoit esté fait
par la rencõtre fortuite d'vne infinité
d'atômes dans vn grand vuide. Mais il
paroist bien ou que sa cause, ou que sa
cognoissance estoit bien foible; autrement il se fust hazardé d'attaquer vn
plus puissant aduersaire. Ces argumẽs
que i'ay inserez cy-dessus, sont tous les
principaux que i'aye rencontrez sur ce
suiet, & cependant le meilleur d'entre
eux, n'a pas assez de force pour mettre
en danger la verité que ie maintiens.

Aux deux premiers, nous pouuons
respondre que l'authorité negatiue de

a De Phæ-
nom. in or-
be Lunæ.

E

l'Escriture n'a pas de force contre les
choses qui ne sont point de l'essence
de la Religion.

Mais vous repliquerez qu'encore
qu'ils ne côcluent pas necessairement,
si est-ce qu'il y a bien de l'apparence
que s'il y eust eu vn autre Monde, l'Escriture nous en auroit donné quelque
cognoissance.

Ie responds, qu'il est bien autant
probable que l'Escriture nous deuroit
auoir informez des Planettes, icelles
estans de tres remarquables parties de
la Creation ; & cependant ni Moyse,
ni Iob, ni les Pseaumes ; qui sont les
lieux où se trouuent plus frequemment les obseruations Astronomiques, ni aucune autre partie de l'Escriture, ne font mention d'aucune autre que du Soleil & de la Lune. Pource que la difference d'entr'elles & les
autres Estoilles, n'estoit cognuë qu'à
ceux là seulementqui estoient sçauans
& entendus en l'Astronomie. Car
Iob;8.7.　quant à cette expression dans Iob
בקר כוכבי *les Estoilles du matin,* elle est
au nombre pluriel, & partant ne peut

proprement estre appliquée à Venus.
Et quant à celle d'Esaye הילל on confesse que c'est vn mot de difficile ex-
plication, & qui partant n'est traduit
en ce sens là que par coniecture seulement : Estant vne vraye & commune
regle, que les *b* Hebreux n'estans que
peu versez en l'Astronomie, leur lan-
gue manque d'expressions propres
pour les corps celestes, & par ainsi
font quelquesfois contrains d'attribuer vn mesme nom à diuerses Constellations.

Or si l'intention du S. Esprit eust
esté de nous reueler quelques secrets
naturels, certainement il n'auroit iamais manqué à faire mention des Planettes, *c* n'y ayant rien qui rende vn
tesmoignage plus asseuré & plus euident à la sagesse du Createur que leur
mouuement, pourueu qu'on le puisse
comprendre. Et partant vous deuez
sçauoir que ce n'a pas esté le but du
Vieil ni du Nouueau Testament de
nous descouurir quelque chose touchant les secrets de Physique. Ce n'est
point l'intention du S. Esprit dans le

E ij

Marginalia:

Esay. 14. 12

b Hebræi rei syderalis minime curiosi cœlestium nominum penuriâ laborant. Fromond. Vesta. t. 3. cap. 2.

Ainsi au 2. des Rois 23. 5. מזלות *qui est interpreté, & pour les Planettes & pour les douze signes c* Keppler. introduct. in Mart.

Nouueau Testament, puis que nous ne sçaurions conceuoir comment cela pourroit en aucune façon appartenir aux parties, soit historiques, exegetiques, ou Prophetiques d'iceluy: ny dans le Vieil Testament non plus, comme le remarque tresbien vn certain Autheur, *d* quand il dit ; *Ce n'a pas esté le but de Moyse & des Prophetes d'enseigner quelques subtilitez de Mathematique ou de Physique, mais de s'accommoder à la portée des esprits, & à la façon de parler des peuples, comme font les nourrices à la foiblesse de leurs enfans.* Il est vray que Moyse a à traitter là de l'Histoire de la Creation : Mais il est certain, *e* dit Caluin, que son but est de traiter seulement de la forme visible du Monde, & des parties d'iceluy que les plus rudes & ignorans voyent, & qui leur sont les plus aisées à entendre ; & partant nous ne deuons pas attendre de là la descouuerte d'aucun secret naturel. Quant à l'Astrologie & autres arts exquis & cachez, il les faut chercher ailleurs : l'Esprit de Dieu ayant voulu en cet endroit en-

d Vvright in Epist. ad Gilbert. Non Mosis aut Prophetarum institutum fuisse videtur Mathematicas aliquas aut Physicas subtilitates promulgare, sed ad vulgi captum & loquendi morem, quemadmodum nutrices infantulis solent, sese accommodare.
e Calu. in 1. Genes.

seigner toutes sortes de gens sans exception. Et partant il se remarque
que Moyse ne se mesle en aucun lieu
de matieres bien difficiles à comprend-
dre ; car ayant à informer le commun
peuple aussi bien que les autres, il le
fait d'vne façon vulgaire, declarant
principalement l'origine des choses
qui frappent & qui tombent sous nos
sens, & en taisant d'autres qui pour
lors ne se pouuoient pas encore bien
comprendre. Et c'est pour cela que
Pererius proposant la question, sçauoir pourquoy il est fait mention de
la creation des plantes & des herbes,
& non pas des Metaux & des mine-
raux : respond que c'est, *d'autant que
la generation de ces choses là n'est pas
ordinairement si cognuë que celles des
autres* : & puis apres il adiouste, *Moyse n'entreprend pas ici de nous declarer
le commencement de toutes choses, mais
de celles-là seulement qui sont les plus
euidentes à tous hommes.* Et c'est pourquoy aussi f Thomas d'Aquin obserue que Moyse n'escrit rien de
l'air, pource qu'estant inuisible, le

*Comment!
in 1.Genes.
11.*

*Quia ista-
rum rerum
generatio
est vulgo
oculta &
ignota.
Moses non
omnia, sed
manifesta
omnibus
enarranda
suscepit.*

f Part. 1. q.
68. art. 3.

peuple ne sçauoit pas s'il y auoit vn tel corps ou non. Pour cette mesme raison S. Ierosme croit aussi qu'il n'y a rien d'exprimé touchant la creation des Anges , a cause que la rude & ignorante populace n'estoit pas capable de comprendre leur nature. Et neantmoins ce sont là des parties de la Creation aussi remarquables & aussi conuenables à cognoistre, qu'vn autre Monde. Et c'est pour cela que le S. Esprit se sert aussi de telles expressions vulgaires, lesquelles representent plustost les choses selon qu'elles nous paroissent , que non pas selon ce qu'elles sont , comme quand il appelle la Lune *vn des grands luminaires,* encore que ce soit le moindre qui soit & qui paroisse dans les Cieux. De mesme encor le Sainct Esprit parlant puis apres du grand deluge d'eaux qui inonda le monde ; dit , que les fenestres des Cieux furent ouuertes, pource que les eaux sembloient cheoir auec autant de violence, que si elles eussent esté versées des fenestres du firmament.

C'eſt en cet eſgard qu'vne ſechereſ-
ſe, en diuers lieux de l'Eſcriture, eſt *f* Deuter.
f repreſentée par les Cieux eſtans fer- 11. 17.
mez. Deſorte que les façons de par- 1. Rois 3.35.
ler dont ſe ſert le S. Eſprit touchant S. Luc. 4.25
ces choſes, ne ſe doiuent pas entendre
en vn ſens literal, mais pluſtoſt comme expreſſions vulgaires. C'eſt là regle que donne S. Auguſtin ; là où Li. 2. in
parlant de ce qui eſt dit au Pſeaume Geneſ.
136. verſ. 6. *il a eſtendu la terre ſur les*
eaux, il note que quand les paroles de
l'Eſcriture ſemblent contrarier au
ſens commun ou à l'experience, elles
ſe doiuent entendre en vn ſens plus
doux, & non ſelon la lettre. Et l'on
remarque que à faute d'auoir gardé
cette regle, quelques anciens ont baſti
ſur les paroles de l'Eſcriture des abſurditez eſtranges. Ainſi *g* S. Am- *g* Hexame.
broiſe a eſtimé que c'eſtoit vne hereſie l. 2.
de ne pas croire que le Soleil & les Item Baſil.
Eſtoilles fuſſent extrémement chau- Homel. 3.
des, comme eſtant contre les paroles in Geneſ.
de l'Eſcriture, Pſeaume 19. 6. où le Sapien. 2. 4.
Pſalmiſte dit *qu'il n'y a rien qui ſe puiſſe* & 17. 5.
cacher arriere de la chaleur du Soleil. Eccleſiaſt.
43. 3. 4.

Ainſi y en a-il eu d'autres qui ont voulu prouuer que les Cieux ne ſont
point ronds, par ce paſſage du Pſeaume 104. 2. *Il a eſtendu les Cieux comme*
vne courtine. Ainſi Procopius eſtoit
d'opinion que la Terre eſtoit fondée
ſur les eaux : Voire il en faiſoit partie
de ſa croyance & de ſa foy, le prouuant du Pſeaume 24. 2. *Il a fondé la*
terre ſur les mers, & la eſtablie ſur les
fleuues. Ces abſurditez & autres ſemblables ſe ſont enſuiuies, quand les
hommes ont voulu rechercher les
fondemens de la Philoſophie dans les
paroles de l'Eſcriture. De ſorte que
de ce qui a eſté dit cy deſſus ie puis
conclurre, que le ſilence de l'Eſcriture concernant vn autre Monde, n'eſt
pas vn argument ſuffiſant pour prouuer qu'il n'y en ait point.

Et voila pour les deux premiers
argumens.

Au troiſiéme, ie puis reſpondre que
ce meſme exemple eſt allegué par
d'autres, pour monſtrer l'ignorance de
ces premiers ſiecles là, qui condam-
noient quelquefois tout ce qu'ils n'en-
tendoient

tendoient pas, & qui ont souuent fait
passer pour heresie ces loüables & in-
dubitées parties des Mathematiques,
pource qu'eux-mesmes n'en pouuoiét
apperceuoir la raison. Et partant leur
exemple en cette particularité, n'est
pas vn tesmoignage suffisant contre
nous.

Mais en dernier lieu ie respond à
toutes les susdites obiections, que ce
mot ou terme de Monde se peut prendre en deux façons ; plus generalement pour tout l'vniuers, entant qu'il
enuelope & comprend en soy les
corps elementaires & les corps æthe-
rez, assauoir les Estoilles & la terre.
Secondement, plus particulierement
pour vn Monde inferieur consistant
en elemens.

Or le principal but de tous ces argumens là, est de refuter la pluralité de
Mondes au premier sens, & s'il y en
auoit vn autre de cette nature là, il
pourroit peut-estre sembler estrange
que Moyse & S. Iean ne sceussent ou
ne fissent point mention de sa creation. Et Virgile fut condamné pour-

F

ce qu'il tenoit que dans noſtre globe terreſtre il y auoit vn autre Monde, vn autre Soleil & vne autre Lune, ſelon que Baronius *a* le veut, & par ainſi pouuoit ſembler vouloir exclurre cettuy-ci du nombre des autres creatures.

Mais ce danger n'eſt pas à craindre en l'opinion que ie mets icy en auant, puis que ce Monde dont nous traittons eſt dit eſtre dans la Lune, dont la creation eſt particulierement exprimée.

Tellement qu'au premier ſens i'accorde qu'il n'y a qu'vn Monde, qui eſt tout ce que ces argumens là prouuent: mais ie l'entends au ſecond ſens, & par ce moyen i'affirme qu'il y en peut auoir pluſieurs : & pas vne des ſuſdites obiections ne prouue le contraire.

De plus, cette opinion ne déroge en aucune façon à la Sageſſe diuine comme le penſe Thomas d'Aquin, mais pluſtoſt l'exalte & la magnifie, faiſant voir vn abregé de la Prouidence, laquelle a ſceu faire de ce meſme corps vn Monde & vne Lune : vn

Monde, pour l'habitation de ceux qui
y sont, & vne Lune pour l'vsage &
seruice des autres, & pour l'ornement
de toute la fabrique entiere de la nature. Car comme les membres du
corps ne seruent pas seulement pour
la conseruation d'eux mesmes, mais
pour l'vsage & commodité de leur
tout, la main protegeant la teste aussi bien qu'elle se conserue soy mesme:
Ainsi en est-il des parties de l'vniuers,
où chacune peut aussi bien seruir pour
la conseruation de ce qui est dedans
elle, que pour aide aux autres qui en
sont dehors.

 Mersenne, escriuain moderne, proposant cette question, sçauoir si l'opinion de plusieurs Mondes estoit vne
heresie & contre la foy ou non : il y
respond negatiuement, pource dit-il,
qu'elle ne repugne point à aucun passage formel de l'Escriture, ni à la de-
termination de l'Eglise. Et combien
que cette opinion (dit-il) semble hardie & temeraire, comme estant contre le consentement des Peres: si est-ce
que cette controuerse estant principa-

Cusanus de
doct. ignor
lib.2. c.12.

Comment.
in Genes.
q.19. art.2.

F ij

lement Philosophique ; leur authorité n'est pas de si grand poids. A quoy
l'on peut adiouster que le consentement des Peres n'est valable qu'en ces
poincts là seulement qui estoient con-
trouersez entr'eux en leurs temps, &
puis apres decidez : & non pas en ces
autres particularitez ici, lesquelles ne
sont iamais tombées sous leur examen
& dispute.

I'ay donc fait voir maintenant en
quelque mesure, que la pluralité de
Mondes ne repugne à pas vn principe
de la raison, n'y a pas vn passage de
l'Escriture, & par ainsi i'ay esclaircy
la premiere partie de cette supposi-
tion, inferée en cette opinion.

Nous pouuons nous enquerir en
suite, s'il est possible qu'il y ait vn globe d'Elemens en ce vaguē de l'Air que
nous appellons les parties ætherées de
l'vniuers. Car si les Cieux (comme
le tient l'opinion vulgaire) sont
exempts de toute alteration ou corruption, ce sera donc en vain de s'imaginer là aucun element : & si nous
voulons trouuer vn autre Monde, il

faut chercher quelqu'autre lieu pour
ſa ſituation. C'eſt pourquoy la troiſiéme Propoſition ſera celle-cy.

PROPOSITION   III.

*Que les Cieux ne ſont pas d'vne matiere
ſi pure, qu'elle les puiſſe exempter de
la corruption & des changemens auſ-
quels ſont ſuiets tous ces corps infe-
rieurs.*

C'A eſté vne queſtion ſouuen-
tesfois debattuë entre les anciens Peres & les Philoſophes,
ſçauoir de quelle ſorte de matiere les
Cieux ſont compoſez. Il y en a qui
eſtiment qu'ils ſont d'vne quinte-eſ-
ſence, diſtincte des quatre Elemens,
comme le tient Ariſtote, & auec luy
quelques Scholaſtiques modernes, De Cœlo lib.1.cap.2.
dont les eſprits ſubtils n'ont peu ſe
contenter d'attribuer ſeulement à ces
vaſtes corps glorieux des materiaux
communs : & pourtant ont mieux ai-

mé mettre peine de les esleuer à quelque nature extraordinaire ; quoy que
tous les argumens qu'ils ont peu inuenter pour cet effect, n'ont iamais
peu induire la necessité d'aucune telle matiere, comme le confessent
ceux de leur mesme parti. Il seroit
fort à souhaitter que ces Messieurs
n'eussent point en d'autres cas aussi
bien qu'en cettuy-ci, multiplié les
choses sans necessité : & comme s'il
n'y eust point eu assez à connoistre
dans les secrets de la Nature, ils se
sont estendus en de nouueaux suiets
de leur propre inuention, pour tailler
de la besongne aux siecles à venir &
leur donner plus d'exercice. Ie ne feray point mention de leurs argumens,
puis que l'on a desia aduoüé qu'il n'y
en a pas vn d'aucune consequence necessaire : Ioinct que vous les pouuez
voir dans tous leurs liures du Ciel.

Mais le consentement general des
Peres, & l'opinion de Lombard est,
que les Cieux sont de mesme matiere
que les corps sublunaires. S. Ambroise s'en tenoit si asseuré, qu'il estimoit

que c'estoit vne herefie de tenir l'opinion contraire. Il eft bien vray qu'ils
different grandement entr'eux ; les
vns eftimans qu'ils font compofez de
feu ; les autres d'eau , & les autres de
l'vn & de l'autre : mais s'accordent
tous en ce poinct, affauoir, qu'ils font
tous compofez de quelques-vns de ces
Elemens. Ce que Denis le Chartreux
recueille de ce paffage de la Genefe, Enarrat. in Genef. art. 10.
où il eft fait mention des Cieux , en
leur creation, comme feparez feulement en diftance , & non pas comme
faits d'vne nouuelle matiere. D'autres citent à ce mefme propos la deriuation du mot Hebreu שמים Cieux,
de שם & מים c'eft à dire, là font les
eaux, ou אש & מים le feu & les eaux,
parce qu'ils font compofez de ces elemens là. Mais touchant ce poinct,
vous pouuez voir diuers plus amples
difcours dans Ludouicus Molina, Eu-
febius Nicrembergius, & autres. Le
venerable Bede eftime que les Planet-
tes font compofées de tous les quatre In opere 6. dierum difp. 5.
Elemens : & eft vray femblable que
les autres parties font d'vne fubftance

ærée, comme il fera monftré cy apres.
Quoy qu'il en foit ie ne puis pas m'ar-
refter maintenant à rapporter les argumens des vns & des autres. I'ay allegué feulement ces authoritez icy
pour contrepefer à Ariftote & aux
Scholaftiques, & pour mieux faire
iour à la preuue de la corruptibilité
des Cieux.

La feconde chofe donc que nous
auons à rechercher, eft, fçauoir fi les
Cieux font d'vne nature corruptible,
& non pas fi Dieu les peut deftruire:
car l'Efcriture met cela hors de doute.

Ni non plus fi par fucceffion de
temps ils pourroient s'empirer ou s'v-
fer ; car encore tout de nouueau le
Docteur Hackwell nous a deliurez de
cette crainte. Mais la queftion eft de
fçauoir s'ils font capables de pareils
changemens que ceux à quoy eft fuiet
ce Monde inferieur.

Les deux opinions principales concernant ce poinct, fe font toutes deux
iettées dans quelque extremité : ceux
d'vn parti s'efloignans fi fort de l'autre, qu'ils fe font & l'vne & l'autre
emportez

emportez au de là de la raison, pendant qu'Aristote a combattu la verité, aussi bien que les Stoïques.

Quelques-vns des anciens ont creu que les corps celestes auoient besoin d'estre substentez par les Elemens, par lesquels ils estoient continuellement nourris, & ainsi estoient suiets à diuers changemens à raison de leur aliment. Ceci est attribué à Heraclite, suiui par ce grand naturaliste Pline, & generalement attribué à tous les Stoïques. Seneque est tres expres à ce propos, lors qu'en parlât de la terre il dit; *C'est de là que la nourriture & les alimens sont departis à toutes les bestes, à toutes les semences, & à toutes les Estoilles: de là se tire ce qui soustient tant d'Estoilles, autant affamées de se paistre, comme elles sont & de iour & de nuict continuellement occupées en leur trauail.* C'est ce que Lucain chante aussi,

Nec non Oceano pasci Phœbúmque polúmque credimus.

A ceux-cy semble se ioindre Ptolomée, ce docte Egyptien, quand il af-

G

firme que le corps de la Lune eſt plus
humide & plus froid qu'aucunes des
autres Planettes, à cauſe des vapeurs
terreſtres qui s'y exhalent. Vous
voyez donc que ces anciens eſtimoient que les Cieux eſtoient ſi eſloignez de cette incorruptibilité ima-
ginaire, qu'au contraire ils tenoient
que de meſme que les plus foibles
corps, ils auoient beſoin d'aliment
continuel, ſans lequel ils ne pouuoient
pas ſubſiſter.

Mais Ariſtote & ſes ſectateurs,
d'autre coſté, eſtoient ſi eſloignez de
ce ſentiment là, qu'au contraire ils
croyoient que ces corps celeſtes &
glorieux ne pouuoient pas auoir de
principes en eux, qui les peuſſent aſſuiettir au moindre changement, ou
à la moindre corruption. Et leur
principale raiſon eſtoit, pource qu'en
vn ſi long eſpace de temps nous n'a-
uions peu apperceuoir en eux aucune
alteration. Mais à cela ie reſponds.

De Cœlo li. 1.c.ʓ.

1. Qu'encore que l'on ſuppoſaſt que
nous ne peuſſions pas apperceuoir ce

changemens : ſi ne s'enſuiuroit-il pas de là qu'il n'y en euſt point, comme en effect en vn autre endroit il le confeſ-ſe luy-meſme : car parlant de la con-noiſſance que nous auons des Cieux, il dit, qu'elle eſt tres imparfaite & tres difficile, à cauſe de la grande diſtance qu'il y a entre ces corps là & nous, & à cauſe que les changemens qui leur peuuent arriuer, ne ſont pas ou aſſez grands, ou aſſez frequens, pour tom-ber dans la portée & dans l'obſerua-tion de nos ſens. Ce n'eſt donc pas de merueilles s'il s'eſt abuſé luy-meſme en ces aſſertions touchant ces particularitez. Mais neantmoins il ſemble inferer par là, que ſi quel-qu'vn pouuoit approcher plus pres de ces corps celeſtes, celuy-là ſeroit vn plus propre Iuge que luy pour decider cette controuerſe. Or maintenant ce nous eſt vn auantage, que par l'aide de la Lunette de Galilée nous ſommes approchez plus pres d'eux : & les Cieux nous ſont rendus plus preſens qu'ils n'eſtoient auparauant. Au reſte comme il en eſt icy bas où pluſieurs

De Cœlo li.2.c.3.

G ij

viciſſitudes arriuent, & où il ſe fait
vne ſucceſſion de choſes, quoy que *la
Terre demeure à touſiours* : ainſi en peut
il eſtre des Planettes, dans leſquelles
quand bien il arriueroit diuers changemens, ſi pourroient-elles neantmoins touſiours continuer de meſme
grandeur & de meſme clarté.

Secondement, quand bien nous ne
pourrions pas par nos ſens exterieurs
apperceuoir tels changemens, ſi eſt-
ce que peut eſtre noſtre raiſon nous
en pourroit ſuffiſamment conuaincre.
Et meſme nous ne pouuons pas bien
conceuoir comment le Soleil pourroit refléchir ſa clarté contre la Lune,
ſans produire quelque alteration de
chaleur. C’eſt de là que Diogene fut
perſuadé que ces ardantes chaleurs là
auoient bruſlé & reduit la Lune en
forme d’vne pierre de Ponce.

En troiſiéme lieu, ie reſponds que
on y a remarqué quelques changemens : teſmoin ces Comettes qu’on a
veuës au deſſus de la Lune. Comme
auſſi ces taches ou ces nuées qui enuironnent le corps du Soleil, deſquelles

il se fait vne succession frequente par
la corruption des premieres, & par la
generation des suiuantes. De sorte
que quand bien la consequence d'A-
ristote, lors qu'il a prouué que les
Cieux ne sont point corruptibles, parce qu'on n'a point descouuert aucun
changement en eux, seroit suffisante;
si est-ce que par la mesme raison celle-cy deuroit estre autant valable, assauoir que les Cieux sont corruptibles, parce qu'on y a remarqué diuerses alterations. Mais i'auray encore
suiet de parler de ces choses, & de confirmer plus à plein cette proposition.
Cependant ie renuoyeray le Lecteur
au liure qu'en a fait Scheiner Iesuite
moderne, intitulé Rosa Vrsina, où il
pourra voir ce poinct touchant la corruptibilité des Cieux; traicté tres amplement, & suffisamment confirmé.

   Il y a encore d'autres choses surquoy ie pourrois prendre icy occasion
de m'estendre : mais d'autant que plusieurs autres en ont traicté precisé-
ment, & qu'elles n'appartiennent pas
immediatement à la principale matie-

re que nous auons en main : ie remet-
tray le Lecteur à ces Autheurs là , &
en obmettray vne plus ample preuue,
comme desirant toute briefueté possible.

1. La premiere est, que les globes celestes, ne sont point solides. Car s'il y a
vn Monde habitable dans la Lune, ce
que i'affirme maintenant; il s'ensuiura
necessairement que son Ciel n'est
point solide cõme l'a supposé Aristote: & si son ciel n'est point solide, pourquoy les autres le seront-ils ? I'estime-
rois plustost qu'ils sont tous d'vne substance fluide, peut-estre ærée. S. Ambroise & S. Basile ont trauaillé à le
prouuer de ce passage d'Esaye , où ils
sont accomparez à la fumée , selon le
rapport de *a* Rhodiginus. *b* Eusebius
Nicrembergius de ce passage icy refute semblablement la solidité & l'incorruptibilité des Cieux , & cite pour
cette mesme interpretation l'authorité d'Eustache d'Antioche. Et ie m'asseure que S. Augustin en vn certain
endroit semble consentir à cette opinion, quoy que souuent en ses autres

Esaye 51.6.

a Ant.Lect.
lib.1.ca.4.
b Hist.Nat.
cap. 11. &
13.

In lib. sup.
Genes. ad
lit.

œuures il la contredife.

Si vous eftimez le tefmoignage des anciens Peres eftre de force ou de confequence en vne difpute Philofophique, vous les pouuez voir fur ce fuiet dans *Sixtus Senenfis lib.* 5. *Biblioth. annot.* 14. Les principales raifons qu'on preffe ordinairement pour la confirmation de ce poinct, font en vn mot ces trois icy.

1. De la hauteur de diuerfes Cometes qu'on a obferuées eftre au deffus des Planettes, au trauers des globes defquelles (s'ils eftoient folides) il n'y auroit point eu de paffage. A quoy l'on peut adioufter ces moindres Planettes qu'on a depuis peu defcouuertes autour de Iupiter & de Saturne, pour lefquelles les Aftronomes n'ont point encore bafti de globes.

2. De l'incertitude de toutes obferuations Aftronomiques qui s'enfuiuroit, fur la fuppofition de telles Spheres folides. Car alors nous ne difcernerions iamais aucune eftoille que par vne multitude de refractions, & ainfi par confequent il nous feroit

impoſſible de trouuer leurs vrayes ſi-
tuations, ſoit au regard de nous, ſoit
au regard les vnes des autres: Veu que
tout ce que l'œil diſcerne par vn rayon
rompu, il le conçoit eſtre en quelque
autre lieu qu'en celuy où il eſt.   Or
cela ſeroit vn tel inconuenient, qu'il
bouleuerſeroit entierement les fondemens de toute la Science Aſtrono-
mique, & partant ne doit en aucune
façon eſtre admis.

A cecy on a accouſtumé de reſpondre, que tous ces globes là ſont éga-
lement diaphanes, quoy que non pas
de quantité continuë.   Mais nous re-
pliquons que ſuppoſant que cela fuſt,
ſi eſt-ce que cela ne les peut pas empeſcher d'eſtre les cauſes de la refraction,
laquelle ſe produit auſſi bien par la diuerſité des ſuperficies, que par la differente perſpicuité des corps.   Deux
glaces ou verres poſez l'vn ſur l'autre,
cauſeront vne refraction diuerſe d'a-
uec vn autre verre ſimple qui ſeroit de
meſme eſpaiſſeur & perſpicuité que
les deux autres enſemble.

3. De la differente hauteur d'vne
meſme

meſme planette en diuers temps. Car
ſi ſelon l'hypotheſe vulgaire il y auoit
de tels globes diſtincts & ſolides, il ſeroit alors impoſſible aux Planettes
d'enjamber ſur les globes les vnes des
autres, ou que deux d'icelles à diuers
temps fuſſent au deſſus l'vne de l'autre; ce qui neantmoins ſe trouue eſtre
ainſi par l'experience de ces derniers
temps. Tycho Brahé remarque que
Venus eſt quelquesfois plus proche de
nous que n'eſt pas le Soleil ou Mercure, & en eſt quelquesfois plus eſloigné
que l'vn & l'autre des deux. Regiomontanus recognoiſt auſſi ces meſmes
apparences, & auec cela confeſſe que
elles ne ſe peuuent pas concilier auec
l'hypotheſe vulgaire.

Mais pour voſtre plus grande ſatis-
faction en ce poinct, ie vous renuoyeray au meſme Scheiner cotté cy deſ- *a* Roſa Vr-
ſus, dans *a* l'œuure duquel vous pou- ſina lib 4.
uez voir tres amplement & diſtincte- p. 112. cap.
ment, & les authoritez, & les raiſons 7. 26. 30.
que l'on produit pour cette opinion.
Pour plus forte confirmation dequoy,
il y ioint encore quelques Epiſtres au-

H

thentiques de Fredericus Cæsius Lynceus, Noble Prince, escrites au Cardinal Bellarmin, contenans diuerses
raisons à ce mesme propos. Vous pouuez voir aussi cette mesme verité dans
Iohannes Pena, en sa Preface aux
Optiques d'Euclide, & dans Rothmannus, qui tous deux ont estimé
que le Firmament n'estoit qu'air seulement. Et combien que Tycho Brahé dispute contr'eux ; si tient-il luy
mesme que cette ᵃ opinion approche
bien d'auantage de la verité que celle
d'Aristote, communément approuuée, qui a remply le Ciel de Spheres
solides & impenetrables, sans aucune
necessité.

2. Auec cette opinion que nous
proposons icy, l'on ne peut pas tenir
qu'il y ait vn Element du feu : car si
nous supposons vn Monde dans la Lune, il s'ensuiura, ou que la Sphere du
feu n'est point où l'on la place ordinairement, assauoir dans la concauité de
son globe : ou qu'il n'y a rien du tout
de tel, ce qui est tres vray semblable,
puis qu'il n'y a point de tels globes so-

a De stella 15.72. l.1.c. 9. Quod propius ad veritatis penetralia accedit hæc opinio, quam Aristotelica vulgariter approbata, quæ cœlum pluribus realibus atque imperuiis orbibus citra rem repleuit.

lides qui par leur rapide mouuement
puissent eschauffer & enflammer l'air
qui l'auoisine, qu'on estime estre la
raison de cet element là. Les argumens qu'on allegue ordinairement à
cette fin, sont ceux-cy.

Premierement, ce qui a desia esté
allegué cy dessus touchant les refractions qui seroient causées par vn different *medium* ou milieu. Car si la
matiere des Cieux est d'vne espaisseur,
& l'element du feu d'vne autre, & la
supréme region de l'air distincte de
ces deux là, & la plus basse region
differente de tout le reste, il y auroit
alors vne telle multiplicité de refractions, qu'elle bouleuerseroit necessairement la certitude de toutes obseruations Astronomiques. Tous lesquels
inconueniens peuuent estre euitez en
supposant comme nous faisons, qu'il
y a seulement vn globe d'air vaporeux qui enuironne nostre terre, tout
le reste estant ætheré, & de mesme
perspicuité.

En second lieu, la situation de cet
element ne conuient en façon du

monde auec les principes d'Aristote,
ny à la commune Prouidence de la nature , que nous puissions discerner
dans les choses ordinaires. Car si les
Cieux sont sans qualitez elementaires , comme on le suppose communément, ce seroit vne chose tres absurde
& irreguliere de placer l'element du
feu immediatement apres: puis que la
chaleur de celuy-ci, est la plus puissante & plus vigoureuse qualité qui soit
entre toutes les autres : & que la nature en ses autres œuures ne ioinct les
extrémitez que par quelque chose de
nature mitoyenne. Ainsi en la fabrique mesme de nos corps , les os , qui
sont d'vne substance plus dure , &
la chair d'vne substance plus molle ne
font ioints ensemble que par le moyen
des membranes & des cartilages: qui
estans d'vne nature mitoyenne , peuuent proprement & conuenablement
venir entre deux.

En troisiéme lieu il n'est pas conce-
uable à quelle fin , & pour quel vsage
il y auroit vn tel element en ce lieu là;
& est tres certain que la nature ne fait

rien en vain.

4. Entre deux extrémitez il n'y
peut auoir qu'vn milieu, & partant
entre ces deux elemens oppofez de la
terre & de l'eau, il femble plus conuenable d'y placer l'air feulement, lequel participera de qualitez mitoyen-
nes, differentes de l'vn & de l'autre.

5. Il n'y a rien à quoy le feu femble
eftre fi proprement & fi directement
oppofé qu'à la glace; & fi la glace n'eft
point vn element, pourquoy l'autre
le fera-il?

Si vous obiectez que le feu dont
nons nous feruons, tend toufiours
vers haut : Ie refponds que cela ne
prouue pas qu'il y ait vn lieu naturel
pour vn tel element, puis que nos ad-
uerfaires demeurent d'accord que ce
feu de cuifine & le feu elementaire
font de differens genres. L'vn bruf-
le, efclaire & confume fon fuiet : l'autre differe d'auec luy en tous ces ef-
gards là. Et partant, de l'efleuation
de l'vn, nous ne pouuons pas inferer
proprement l'eftre ou la fituation de
l'autre.

Mais pour voſtre plus grande ſatis-
faction ſur ce ſuiet : voyez Cardan,
Ioannes Pena ce docte François, le
noble Tycho Brahé, auec diuers autres, leſquels ont traité à plein fonds
de cette matiere.

3. Ie pourrois encore adiouſter vne
troiſiéme choſe, aſſauoir que les Spheres ne rendent point d'harmonie comme l'ont creu quelques-vns. Car ſi elles ne ſont point ſolides, comment
leur mouuement pourroit-il cauſer
vne harmonie telle que l'on s'eſt ima-
giné ? Ie traicte plus volontiers de cecy, parce que Plutarque ſemble dire
qu'on pourroit fort aiſément entendre cette harmonie là ſi on habitoit
dans la Lune. Mais ie croy qu'il a dit
cela à la volée & ſans y penſer, & n'a
pas bien conſideré les conſequences
neceſſaires qui dependoient de ſon
opinion. Quoy qu'il en ſoit, le monde ne feroit point grand perte s'il
eſtoit priué de cette harmonie là ; à
moins que d'auoir par fois le priuilege de l'entendre. Et ce ſeroit alors
pour tout certain, comme le penſe

Philon Iuif, qu'elle nous efpargne-
roit la defpence du manger, & que
nous viurions à bon marché, eftans
nourris par l'oreille feulement & ne
receuans aucune autre nourriture : &
pour cette mefme raifon, dit-il, Moyfe fut rendu capable de feiourner en
la Montagne quarante iours & quarante nuicts fans manger chofe quelconque, parce qu'il entendoit là cette
melodie des Cieux. Mais cela eft di-
gne de rifée. Ie fçay bien qu'autre
fois cette harmonie des Spheres à eu
de grands Protecteurs, tant autheurs
facrez que prophanes, comme S. Am-
broife, Bede, Boëce, Anfelme, Platon,
Ciceron & autres : mais d'autant qu'à
prefent nul ne maintient plus cette
refuerie, ie n'employeray ny temps ny
peine à en difputer.

Il fuffira que i'aye feulement nommé en paffant ces trois dernieres chofes, & que pour les deux plus necef-
faires, i'aye renuoyé le Lecteur à
d'autres Autheurs pour fa plus grande fatisfaction. Ie pafferay en fuite à
la nature du corps de la Lune, pour

sçauoir si elle est capable des condi-
tionsqui la peuuent rendre habitable;
& quelles sont les qualitez en quoy
elle conuient & s'accorde de plus pres
auec nostre terre.

PROPOSITION IV.

*Que la Lune est vn corps solide,
espais, & opaque.*

IL ne sera pas besoin que i'insiste bien lõg-temps sur la preuue de cette proposition , puis
que c'est vne verité dont la pluspart
des plus fameux Philosophes demeurent desia d'accord.

1. Elle est solide en opposition au
fluide , comme est l'Air : car autrement, comment pourroit-elle reper-
cuter la Lumiere qu'elle reçoit du
Soleil?

Mais on pourra icy demander si la
Lune nous eslargit sa lumiere par la
reflection des rayons du Soleil de la
super-

superficie de son corps, ou bien par
son illumination propre. Il y en a qui
affirment cette derniere partie. Ainsi
a Auerroës , *b* Cælius Rhodiginus,
c Iulius Cesar la Galla & autres. Et
leur raison est, parce que sa lumiere
s'apperçoit en plusieurs endroits , au
lieu que les corps qui donnent de la
lumiere par reflexion , ne peuuent
estre apperceus que là seulement où
l'angle de reflection est esgal à l'angle
d'incidence, ce qui n'est qu'en vn seul
lieu : comme en vn miroir, où les
rayons qui en refleschissent ne peuuent estre apperceus de chaque endroit d'où vous pouuez voir le miroir, mais de celuy-là seulement où
vostre œil est placé sur la mesme ligne
sur laquelle les rayons sont reflechis.

Mais à cela ie responds, que l'argument ne tiendra pas pour ce qui est
des corps dont la superficie est pleine
de parties inegales & raboteuses comme est la Lune. C'est pourquoy il est
d'autant plus probable,aussi bien comme c'est la plus commune opinion,
que sa lumiere procede de l'vne & de

I

a De cœlo
l. 2. com.
49.
b Ant. Le-
ction. l. 20.
c 4.
c De Phœ-
nom. Lunæ
c. 11.

l’autre cauſe, à ſçauoir de reflexion,
& d’illumination : & meſme en cecy
elle ne differe en rien de noſtre terre,
puis qu’elle auſſi a de la clarté par illumination : car autrement, cóment cés
parties là de la terre qui ſont à l’entour de nous paroiſtroient-elles ſi lu-
mineuſes & ſi eſclattantes en vn beau
iour de Soleil, quand les rayons de
refleƈtion ne peuuent pas entrer dans
noſtre œil?

Pour plus grand eſclairciſſement
de ce poinƈt, nous pouuons conſiderer
les diuers moyens par leſquels diuers
corps ſont illuminez. Soit comme
l’eau, en receuant les rayons dans ſa
ſubſtance : ou comme l’air & les nuées
minces, par tranſmiſſion des rayons
tout au trauers de leurs corps, ou comme ces choſes qui ſont d’vne nature
opaque & de ſuperficie vnie, leſquelles ne refleſchiſſent la lumiere qu’en
vn lieu tant ſeulement; ou bien comme ces choſes qui ſont d’vne nature
opaque & de ſuperficie raboteuſe, leſquelles par vne eſpece de reflection
circonfluë, ſont en meſme temps ap-

perceuës en diuers lieux, comme noſtre terre & la Lune.

2. En ſecond lieu elle eſt compacte
& ſerrée, & non pas d'vne ſubſtance
ſpongieuſe & poreuſe. Mais c'eſt ce
que *a* Diogene, *b* Vitellio, *c* Reinoldus
& quelques autres ont nié, eſtimans
que la Lune eſt de meſme ſorte de nature qu'vne pierre de ponce. Et c'eſt,
diſent-ils, la raiſon pourquoy és Eclipſes de Soleil, il paroiſt dans elle vne
certaine couleur rouge plombée, parce que les rayons du Soleil eſtans rom-
pus en paſſans au trauers des pores de
ſon corps, doiuent neceſſairemét eſtre
repreſentez ſous vne telle couleur.

Mais ie replique que ſi c'eſt là la
cauſe de cette rougeur là, pourquoy
donc ne paroiſt-elle pas ſous cette
meſme forme quand elle eſt enuiron
en ſextile aſpect, & que la partie tenebreuſe de ſon corps eſt perceptible &
ſe peut diſcerner ? car alors auſſi ces
meſmes rayons paſſent à trauers d'el-
e, & partant ſelon toute apparence
doiuent produire meſme effect : & bien
que ces rayons là ſoient alors diuertis

I ij

a Plutar. de
plac. Phil.
l 2. c. 13.
b Opt. li. 4.
c Commen.
Purbac.
Theo. p.
164.

ou deſtournez de nous, en ſorte qu’ils
ne peuuent entrer dans nos yeux par
vne ligne droite, ſi faut-il neantmoins
que la couleur demeure touſiours viſible en ſon corps. Et d’ailleurs ſelon
cette opiniõ, les taches ne ſeroient pas
touſiours les meſmes, mais diuerſes, ſelon que la diſtance variable du Soleil
le requiert.   De plus, ſi les rayons du
Soleil paſſent au trauers d’elle, pourquoy n’a elle donc point alors de
queuë comme les Cometes ? dit Scaliger. Pourquoy paroiſt-elle ſi exactement ronde, & non pluſtoſt accompagnée d’vne longue flamme, puis que
c’eſt purement à cette penetration des
rayons du Soleil qu’on attribuë la cauſe des barbes és Cometes?

*Exercit.
80. ſect. 13.*

3. En troiſiéme lieu elle eſt opaque,
& non tranſparente comme eſt le cri-
ſtal ou verre, ainſi que l’eſtimoit *a* Em-
pedocles, lequel tenoit que la Lune
eſtoit vn globe de pur air congelé,
comme greſle encloſe dans vne Sphere de feu ; car donc,

*a Plutar. de
facie Lunæ.*

1. Pourquoy ne paroiſt elle pas touſiours en ſa pleineur, puis que la lu-

miere est espanduë & dispersée par
tout son corps?

2. Comment l'interposition de son
corps peut-il tellement obscurcir le
Soleil, ou causer de si grandes Eclypses
que d'auoir tourné le iour en nuict,
descouuert les Estoilles & espouuan-
té les oyseaux par de si soudaines tenebres, qu'ils en sont tombez à terre,
ainsi que le racontent diuers *a* Histo-
riens. Et c'est pourquoy Herodote
parlant d'vne Eclipse qui aduint au
temps de Xerces, il l'a d'escrit ainsi:
*b Le Soleil delaissant son Siege accoustu-
mé, disparut & s'esuanouyt* : toutes lesquelles choses demonstrent des tenebres si grandes, qu'infailliblement elles n'eussent pû estre, si son corps eust
esté clair & transparent. Il y en a
pourtant qui veulent que ces recits là
soient des expressions hyperboliques;
& le noble Tycho Brahé estime qu'il
est naturellement impossible qu'vne
Eclypse peust causer de si horribles tenebres, d'autant que le corps de la Lune ne peut iamais totalement couurir
le corps du Soleil. Quoy qu'il en soit

a Thucid.
Liv.
Plutar.
de facie
Lunæ.

b Herod.
l.7.c.37.

il eſt ſingulier en cecy, tous les autres
Aſtronomes (ſi nous en croyons Keppler) eſtans de contraire opinion, à
raiſon que le diamettre de la Lune
nous paroiſt pour la pluſpart plus
grand que le diamettre du Soleil.

Mais icy Iulius Ceſar la Galla ſe
iette encore vne fois à la trauerſe
pour nous empeſcher le paſſage. La
Lune, dit-il, n'eſt pas tout a fait opaque, parce qu'elle eſt touſiours de meſme nature que les Cieux, leſquels
ſont incapables d'vne opacité totale.
Et ſa raiſon eſt, parce que la clarté eſt
vn accident inſeparable de ces plus
purs corps là : & croid qu'on luy doit
neceſſairement accorder cela, car il
s'arreſte là tout court ſans paſſer à vne
plus ample preuue. Mais i'en diffe-
reray la reſponce iuſqu'à tant qu'il ait
formé ſon argument.

Nous pouuions frequemment voir
que ſõ corps Eclypſe le Soleil, de meſme façon que noſtre Terre Eclypſe la
Lune. Et d'ailleurs les Montagnes qu'-
on y remarque, iettent vne ombre ob-
cure derriere elles, cõme il ſera mon-

ſtré cy apres. Puis donc que pareille interpoſition de ces deux corps, produit
meſme & pareil effect : il faut neceſſairement qu'ils ſoient de pareille nature, c'eſt à dire opaques, qui eſt ce
que nous auons à faire voir ; & c'eſtoit
icy la raiſon, ſelon que le coniecturent
les Interpretes, pourquoy Ariſtote
affirmoit que la Lune eſtoit de nature
de terre, à cauſe de leur ſimilitude en
opacité, au lieu que tous les autres
elemens horſmis celuy-ci, ſont en
quelque meſure clairs & tranſpa-
rens.

Mais la choſe en quoy noſtre terre
ſemble differer le plus d'auec la Lune
& luy eſtre entierement diſſemblable,
c'eſt que l'vne eſt vn corps clair & lui-
ſant & qui a de la lumiere de ſon propre ; & l'autre vn corps groſſier &
ſombre qui ne peut du tout reluire.
C'eſt pourqnoy il eſt requis & neceſſaire en ſecond lieu que i'eſclairciſſe
ce doute, & face voir que la Lune n'a
non plus de lumiere en ſoy que noſtre
Terre.

PROPOSITION V.

Que la Lune n'a aucune clarté d'elle-mesme.

C'A esté l'opinion ou fantaisie de quelques-vns des Iuifs, & plus particulierement de Rabbin Simeon, que la Lune n'estoit autre chose qu'vn Soleil racourci, & que ces deux Planettes en leur premiere creation estoient esgales & en lumiere & en grandeur. Car, pource que Dieu au premier de la Genese les appelle tous deux, *grands Luminaires*, ils ont inferé de là qu'ils deuoient estre alors d'égale grandeur. Mais il aduint quelque peu de temps apres, selon que le porte leur tradition, que la Lune, ambitieuse de regner seule, presenta sa plainte à Dieu contre le Soleil; remonstrant qu'il n'estoit pas à propos qu'il y eust deux si grands Luminaires és Cieux, la Monarchie estant plus

propre

Tostatus in 1. Gen. Hieron. de Sancta fide. Hebræomast. lib.2. c.4.

propre & plus conuenable à vn lieu
d'ordre & d'harmonie comme est le
Ciel. Surquoy Dieu commanda à la
Lune de se resserrer dans de plus
estroites limites; ce qui l'ayant grandement affligée, elle repartit ainsi:
Quoy! faut-il que pour auoir dit ce
qui est iuste & raisonnable ie sois di-
minuée? Il ne se pouuoit pas faire que
ce rigoureux arrest ne luy apportast
beaucoup d'inquietude: & pour cette
raison elle fut en grande angoisse, &
en extréme destresse par vn long espace de temps. Mais afin d'appaiser
aucunement sa douleur, Dieu luy dit
qu'elle prist bon courage, & que ses
priuileges seroient plus grands que
non pas ceux du Soleil, car il ne paroistroit que de iour seulement, mais
elle paroistroit & de iour & de nuict.
Mais sa melancholie ne se contentant
point de cela, elle repliqua & dit:
Helas! ce ne me sera pas là vn grand
auantage, car pendant le iour, ou ie
ne seray point veuë, ou ie ne seray
point considerée. C'est pourquoy
pour la consoler derechef, Dieu luy

K

promit que ſon Peuple les Iſraëlites
celebreroient toutes leurs feſtes par la
computation de ſes mois.   Mais tout
cela ne la pouuant encore contenter,
elle a touſiours eu depuis vn regard
fort melancolique: toutesfois elle s'eſt
touſiours reſeruée beaucoup de ſa propre lumiere.

Il y en a eu d'autres qui ont creu
que la Lune eſtoit vn globe rond,
dont la moitié eſtoit d'vne ſubſtance
claire & lumineuſe, & l'autre obſcure
& tenebreuſe; & que les diuerſes con-
uerſiós de ces coſtez là vers nos yeux,
cauſoient la varieté de ſes apparences.
De cette opinion eſtoit Beroſus au dire de a Vitruue ; & b S. Auguſtin l'e-
ſtimoit aſſez probable.   Mais cette
fantaiſie eſt preſque, auſſi abſurde
que la precedente ; & l'vne & l'autre reſſentent plus les fables , que les
veritez Philoſophiques. Vous pouuez
communément voir comment cette
derniere opinion repugne à l'experience frequente & fort aiſée. Car on
remarque que cette tache que l'on apperçoit enuiron au milieu de la Lune

a Lib. 9.
Archite-
cturæ.
b Narrat.
Pſalmor.
item ep. 119

quand elle est en croissant, se void au
mesme lieu lors qu'elle est en son
plein. D'où s'ensuit necessairement
que la mesme partie qui auparauant
estoit obscurcie, est par apres esclairée,
& que l'vne de ses parties n'est pas
tousiours tenebreuse, & l'autre claire
de soy-mesme. Mais c'est assez parlé
de cecy. Ie serois marry de me faire
vn ennemy pour le pouuoir puis apres
vaincre ; ou employer du temps en la
preuue d'vne chose qui est desia con-
cedée. Ioinct que ie ne pense pas
qu'il y ait personne à present qui pro-
tege l'vne ou l'autre de ces resueries,
& partant n'ont pas besoin de refuta-
tion.

On demeure d'accord de tous costez que la Lune reçoit la pluspart de
sa lumiere du Soleil. Mais la principale question est, sçauoir si elle a de la
lumiere d'elle-mesme ou non. Le plus
grand nombre affirme qu'ouy. Cardan entr'autres s'en tient si fort asseuré, qu'il estime que si nous estions dans
la Lune au temps de sa plus grande
Eclypse, [a] Nous apperceurions vne

[a] De Subtil. lib.3.

„ fi grande ſplendeur procedant d'el-
„ le-meſme, qu'elle nous aueugleroit
„ en la regardant ſeulement. Et lors
„ qu'elle eſt illuminée des rayons du
„ Soleil, il n'y a œil d'Aigle qui fuſt
„ capable de la pouuoir regarder.
Mais Cardan le dit ſeulement, ſans
amener aucune preuue pour confirmation de cela. Quoy qu'il en ſoit,
i'infereray ici les argumens qu'on a
de couſtume d'alleguer pour eſtablir
cette derniere opinion, leſquels ſont
pris ou de l'Eſcriture, ou de la raiſon.
Quant à ceux qu'on tire de l'Eſcriture, on preſſe fort ce paſſage de la premiere aux Corinthiens chapit. 15.41.
où il eſt dit : *Autre eſt la gloire du Soleil,*
& autre eſt la gloire de la Lune. Vlyſſes
Albergettus preſſe cet autre paſſage
de S. Matthieu chapitre 24. verſet 29.
La Lune ne donnera point ſa lumiere:
Doncques, dit-il, elle a de la lumiere
d'elle-meſme.

Mais à ces paſſages on peut aiſément reſpondre, que la gloire, & que
la lumiere dont il eſt parlé en ces lieux
là, ſe peuuent dire eſtre ſiennes, quoy

que deriuées, comme cela se peut voir
par plusieurs autres exemples.

Les argumens tirez de la raison,
sont pris, ou

1. De cette lumiere que l'on discerne en la Lune, lors qu'il se fait vne totale Eclypse de son corps, ou de celuy
du Soleil.

2. De la clarté que l'on discerne en
la partie obscure de son corps, lors
qu'elle n'est qu'vn peu distante du
Soleil.

1. Car lors qu'il y a des Eclypses
totales, il paroist en son corps vne
grande rougeur, & bien souuent assez
de lumiere pour causer vne ombre remarquable, ainsi que l'experience
commune le manifeste suffisamment.
Or cette clarté là ne peut venir du Soleil, puis qu'en tels temps, ou la terre,
ou son propre corps, empesche qu'elle ne reçoiue les rayons du Soleil:
Donques, disent-ils, il faut qu'elle procede de sa propre lumiere.

2. Deux ou trois iours apres la nouuelle Lune, nous pouuons apperceuoir de la lumiere en tout son corps,

bien que les rayons du Soleil ne reflé-
chissent que sur vne petite partie de
ce qui est visible. Doncques il y a bien
de l'apparence qu'elle a de la lumiere
de son propre.

En respondant à ces obiections, ie
feray voir en premier lieu que cette
lumiere là ne peut estre sienne; & puis
apres ie declareray la vraye raison de
cette lueur là.

Que ce n'est point sa propre lumiere, appert.

1. Parce que si cela estoit, elle retiendroit tousiours cette mesme lumiere : mais elle a esté quelquefois
entierement inuisible, lors mesme que
quelques-vnes des estoiles fixes de la
quatriéme ou cinquiéme grandeur se
pouuoient aisément discerner tout
proche d'elle: comme il arriua en l'an
a 1620.

2. Cela mesme appert de la varieté
qu'on y remarque en diuers temps.
Car on obserue communément qu'en
quelques Eclypses, elle paroist plus
claire qu'elle ne fait pas en d'autres:
tantost d'vne couleur plus rouge, &

a Keppler
epit. A-
stron. cop.
l. 6. p. 5.
sect. 2.

tantoſt d'vne couleur plus ſombre, comme cela ſe peut voir exactement dans *a* Keppler & pluſieurs autres. Or cela ne pourroit pas eſtre ſi cette lumiere là eſtoit ſienne, parce qu'alors elle ſeroit conſtamment la meſme, & n'y pourroit pas auoir aucune raiſon d'vne telle alteration : Tellement que ie puis argumenter ainſi.

Si la Lune auoit quelque lumiere à elle propre, cette Planette infailliblement paroiſtroit plus lumineuſe lors qu'elle eſt Eclypſée en ſon Perigée, eſtant plus proche de la Terre, & ainſi conſequemment plus obſcure & plus noiraſtre, quand elle eſt en ſon apogée ou plus eſloignée diſtance d'elle: la raiſon eſt, parce que tant plus vn corps illuminé approche de la veuë, tant plus fortes ſont les eſpeces, & d'autant mieux apperceuës. Quelques-vns de nos aduerſaires accordent cette conſequence; & ce ſont meſmes les propres paroles du noble *b* Tycho Brahé. *Si la Lune* (dit-il) *auoit vne lumiere qui luy fuſt propre & particuliere,* certainement l'ombre de la terre ne luy ſe-

a Opt. Aſtron. c.7. num. j.

b Si Luna genuino gauderet lumine, vtique cum in vmbra

roit pas perdre, mais au contraire elle
l'augmenteroit; parce qu'il n'y a point de
lumiere qui ne paroiſſe dauantage dans
l'obſcurité, ſi elle n'en eſt empeſchée par
vne plus grande clarté.

Or l'effect ſe rencontre tout contraire à cela (ainſi que l'obſeruation
le manifeſte, & nos aduerſaires a meſmes le confeſſent) la Lune paroiſſant
d'vne clarté plus rougeaſtre & plus
claire quand elle eſt Eclipſée eſtant en
ſon apogée ou plus eſloignée diſtance,
& d'vne couleur plus noiraſtre & plus
plombée, lors qu'elle eſt en ſon Perigée ou plus proche denous: Donc elle n'a aucune lumiere de ſon propre.
Auſſi ne deuons-nous pas non plus
nous imaginer que l'ombre de la terre puiſſe obſcurcir & voiler la propre
clarté de la Lune pour empeſcher que
elle ne paroiſſe, ou luy puiſſe rien
oſter de ſa lumiere inherente: car ce
ſeroit faire d'vne ombre vn corps, qui
ſeroitvne opinion tout a fait meſſean-
te à vn Philoſophe, comme l'accorde
b Tycho Brahé au lieu cy deſſus allegué en ces mots. *Car l'ombre de la terre*
n'eſt.

n'est pas vne chose corporelle, ou vne substance serrée & espaisse qui puisse obscurcir la clarté de la Lune, ou la soustraire à
nostre veuë; mais c'est vne simple priua-
tion de la lumiere du Soleil, par l'interposition du corps opaque de la terre.

3. Si elle auoit de la lumiere de son
propre, cette lumiere là seroit ou d'v-
ne clarté rougeastre telle qu'elle paroist és Eclypses, ou bien d'vne clarté
plombée & sombre, telle que nous la
voyons és parties plus obscures de
son corps quand elle a vn peu passé la
conionction. (Qu'il faille que ce soit
l'vne ou l'autre, il s'ensuit des argumens opposez:) Or ce n'est ny l'vne
ny l'autre; Donc elle n'a aucune clarté d'elle-mesme.

1. Ce n'est point vne lumiere rougeastre comme celle qui paroist és
Eclipses: car pourquoy donc ne voyons-nous pas pareille rougeur quand
nous pouuons discerner les parties
plus obscures de la Lune?

Vous pourrez peut-estre dire, qu'a-
lors la proximité de cette plus grande
lumiere nous en oste l'apparence.

L

Mais ie refponds que cela ne peut
eftre. Car pourquoy donc Mars re-
luit-il auec fa rougeur accouftumée
quand il eft proche de la Lune ? ou
pourquoy fa plus grande fplendeur à
elle ne le peut-elle point faire paroiftre blaffard comme les autres Planettes ? & mefme on ne peut donner de
raifon pourquoy cette plus grande
clarté là, doiue reprefenter fon corps
fous vne fauffe couleur.

2. Ce n'eft point non plus vne clarté
fombre comme celle que nous voyons
dans la partie obfcure de fon corps
quand elle eft enuiron en fextile afpect diftante du Soleil ; car pourquoy
donc paroift-elle rouge dans les Ecly-
pfes, puis qu'vne pure ombre ne peut
pas caufer vne telle varieté ? car la nature des tenebres par leur oppofition,
eft pluftoft de faire paroiftre les chofes d'vne clarté plus blanche & plus
claire qu'elles ne font en elles-mefmes.
Ou fi c'eft l'ombre, encore ces parties
là de la Lune font-elles alors dans
l'ombre de fon corps, & partant felon toute raifon doiuent auoir pareil-

le rougeur. Cette opinion aussi n'est
pas particuliere, mais a eu quantité de
sçauans hommes pour Partisans:
Comme *a* Macrobius, lequel estant
cité pour cette fin par *b* Rhodiginus,
il le qualifie *homme d'vn tres-profond
sçauoir*, loüant ainsi cette opinion
par le credit de l'Autheur. Auec
luy s'accorde aussi le venerable *c* Bede, sur le sentiment duquel celuy qui
l'a commenté, vse de cette comparaison. Tout ainsi qu'vn miroir ne represente dedans soy aucune image s'il
n'en reçoit de dehors: ainsi la Lune
n'a autre lumiere que celle qu'elle reçoit du Soleil. A ceux-cy se ioignent
encor *d* Albert le Grand, *e* Scaliger,
f Mestlin, & plus particulierement *g*
Malapertius, dont les paroles sont
plus formelles à ce propos, que non
pas celles des autres, & partant ie les
infereray ici comme vous les pouuez
trouuer en sa Preface au Traité qu'il
a fait *de Austriacis Syderibus*. *La Lune,
Venus & Mercure* (dit-il) *sont d'vne substance terrestre & humide, c'est pourquoy
elles n'ont point de clarté qui leur soit*

L ij

a Somn. Scip. l. 1. c. 20.

b Lect. ant. l.1.c.15.

c In lib. de nat. rerum.

d De 4. Coauis q. 4. art. 21.

e Exerc. 62.

f Epit. Astron. l. 4. pa. 2.

g Epit. Astron. cop. l. 6. p. 5. sect. 2.

Luna, Venus, & Mercurius, terrestris & & humidæ. sunt sub.

stantiæ, ideoque de suo non lucere sicut nec terra.

a Origi-
num l. 3.
ca. 60.
b De cœlo.
lib. 2.
c De ratio-
ne tempor.
cap. 4.
Item Plin.
l. 2. c. 6.
Hugo de
Sanct. Vict.
Annot. in
Genes. 6.

propre, non plus que la terre. Voire il y en a qui estiment, quoy que sans aucun fondement, que toutes les autres Estoilles, reçoiuent du Soleil cette lumiere par laquelle elles nous apparoissent visibles : ainsi Ptolomée, *a* Isidore Hispalensis, *b* Albert le Grand, & *c* Bede : beaucoup plus donc faut-il que la Lune luise d'vne lumiere empruntée.

Mais que cela suffise. I'ay maintenant fait voir assez à plein ce que i'auois promis au commencement, assauoir que cette lumiere qu'à la Lune, n'est point de son propre. Reste ensuite que ie vous die la vraye raison de cette rougeur là. Et premierement, i'estime qu'il est probable que la lumiere qui paroist en la Lune dans les Eclypses, n'est autre chose que les secondes especes des rayons du Soleil qui passent au trauers de l'ombre en son corps: & que du meslange de cette seconde lumiere auec l'ombre, naist cette rougeur qui alors nous y apparoist. Ie la puis nommer l'Aurore de la Lune, ou vne espece de lumiere rougissante, semblable à celle que cauſe le Soleil quand il approche de ſon leuer, lors qu'il eſpand quelque petite lumiere ſur les vapeurs plus eſpaiſſes. Ainſi voyons-nous ordinairement comment les rayons du Soleil, eſtant en ſon Horiſon & la reflexion deuenant foible, font paroiſtre les eaux fort rouges.

Les Moabites, au temps de Iehoram Roy d'Iſraël, s'eſtans leuez de bon matin, & ayans regardé les eaux de loin, ſe tromperent, & les prirent pour du ſang. La raiſon de cela eſt (dit *a* Toſtatus,) parce que les rayons du Soleil contractent vne certaine rougeur en paſſant au trauers des vapeurs bruſlées qui ſont ſur la ſuperficie de la terre : & partant quand ils ſe repercutent dans l'eau, & frappent noſtre veuë, ils portent auec eux cette meſme couleur, & font paroiſtre rouge l'endroit de l'eau où la repercution ſe fait. Ainſi la Lune eſtant dans l'ombre de la terre, & les rayons du Soleil qui ſont tout à l'entour ne pouuant pas paruenir droit au corps de la Lune, il y a neantmoins des ſeconds

2. Rois, cha. 3. verſ. 22.

a 2. Quæſt. in hoc cap. Et cauſa huius eſt quia radius ſolaris in Aurora contrahit quandam rubedinẽ, propter vapores combuſtos manentes circa ſuperficiem terræ, per quos radij tranſeunt, & ideo

cum reper-
cutiuntur
in aqua ad
oculos no-
ftros, tra-
hunt fecum
eundem
ruborem,
& faciunt
apparere
locum a-
quarum, in
quo eft re-
percuffio,
effe ru-
brum.

rayons qui paſſans au trauers de l'ombre, la font paroiſtre de cette couleur
rougeaſtre : De ſorte qu'il faut qu'elle paroiſſe plus claire quand elle eſt
eclypſée eſtant en ſon apogée ou plus
eſloignée diſtance de nous, parce que
alors le cone de l'ombre de la terre eſt
plus petit, & que la refraction ſe fait
par vn milieu plus eſtroit. Ainſi au
contraire doit-elle eſtre repreſentée
ſous vne forme plus ſombre & plus obſcure, lors qu'elle eſt eclypſée eſtant
en ſon Perigée ou plus proche de la
terre, parce qu'alors elle eſt enuelop-
pée dans vne plus grande ombre, ou
plus grande partie du Cone : & ainſi
la refraction paſſant par vn plus grand
milieu, la lumiere qui en procede doit
neceſſairement eſtre plus foible. Que
ſi vous demandez maintenant qu'elle
peut eſtre la raiſon de cette lueur que
nous diſcernons dans la partie plus
obſcure de la nouuelle Lune ? Ie reſponds, qu'elle eſt reflechie de noſtre
terre, laquelle renuoye à cette Planette-là vne auſſi grande clarté, qu'elle
meſme en reçoit d'elle. Mais i'auray

occasion de prouuer cecy tantost.

I'ay maintenant fait quant aux propositions qui ont esté inferées cy des-
fus pour applanir le chemin, & pour
confirmer les suppositions inferées en
cette opinion. Ie passeray en suite à
traicter plus directement du principal
suiet dont est question.

PROPOSITION VI.

Que plusieurs Mathematiciens tant an-
ciens que modernes ont creu qu'il y a
vn Monde dans la Lune : & que cela
se peut probablement recueillir des ma-
ximes de ceux qui sont d'autre senti-
ment.

'Autant que peut-estre on
pourra soupçonner de singularité & de nouueauté cette
opinion icy : Ie la confirmeray premierement par authoritez suffisantes
de diuers Autheurs tant anciens que
modernes, afin de la pouuoir par ce

moyen d'autant mieux iuſtifier du
preiugé qu'on en a, d'eſtre ou vne
fantaſie nouuelle, ou vne vieille erreur
deſcriée. Pour donc commencer
Cette opinion eſt par quelques-vns
attribuée à Orphée, vn des plus an-

Plutar. de
plac Phil.l.
2. c. 13.

ciens Poëtes Grecs. Lequel parlant
de la Lune, dit qu'elle a pluſieurs
montagnes, & des villes & des mai-

Ibid. ca.25.

ſons. Auec luy s'accordent Anaxagore, Democrite & Heraclides, leſ-

Diog. Laer.
1.2. & l. 9.

quels ont tous eſtimé qu'elle auoit vne
terre ferme & ſolide comme eſt la noſtre, contenant des campagnes ſpa-
cieuſes, & ayant diuers habitans.

De cette opinion eſtoit auſſi Xenophanes ſelon le rapport de Lactance
quoy que parauanture ce Pere ait ma-
pris ſon ſens & intention, pendant

Lact. Diui.
inſtit. lib. 3.
cap. 23.

qu'il le raconte ainſi : Xenophanes dit
qu'il y a vne autre terre dans le conca-
ue de la Lune, & qu'il y a là vne autre ſorte d'hommes qui y viuent comme nous viuons icy. Comme ſi Xenophanes euſt conceu que la Lune eſtoit
vn grand corps creux, au milieu d
la concauité duquel il y auroit vn autre

tre globe de mer & de terre, habitée
par des hommes comme est nostre
terre. Au lieu qu'il y a bien plus d'apparence, selon le recit qu'en font
d'autres, que l'opinion de ce Philosophe se doit entendre au mesme sens
que nous le prenons icy, & que nous
auons à prouuer. Il est vray que ce
Pere condamne cette assertion comme vne absurdité esgale à celle d'Anaxagore, lequel affirmoit que la neige
estoit noire : mais il ne s'en faut pas
estonner, car au chapitre immediatement suiuant celuy là, il se mocque
aussi fort de l'opinion de ceux qui esti-
moient qu'il y auoit des Antipodes.
Tellement que son ignorance en cette particularité, le pourra peut-estre
rendre incapable d'estre iuge compe-
tent en tout autre pareil poinct de
Philosophie. A ceux-cy s'accorde
encore Pythagore, qui tenoit que
nostre terre n'estoit qu'vne des Planettes qui se meuuent autour du Soleil,
ainsi que le rapporte Aristote. Et les
Pythagoriciens en general affir-
moient que la Lune aussi estoit terre-

De Cœlo.
lib. 2. ca. 13

M

Mars sera la Sphere du Feu, *Iupiter*, celle de l'Air, *Saturne* celle de l'Eau: & par dessus tout cela les *Champs Elysees*, lieux plaisans & spacieux destinez pour la demeure de ces ames pures & immaculées, lesquelles n'ont iamais esté ou emprisonnées dans le corps, ou se sont maintenant affranchies de tout commerce auec luy.

Exercit. 62 Scaliger parlant de cette pensée Platonique, *qua in tres trientes mundum quasi assem diuisit*, estime que c'est la refuter suffisamment de dire qu'elle est de Platon. Quoy qu'il en soit, quantité d'autres ont côsenti à la premiere partie de cette assertion, & à raison de la grossiereté & inegalité de cette Planette, l'ont souuent appellée *vne espece de terre celeste*, comme estant estimée estre la lie & la partie la plus imparfaite de tous les corps celestes. Ce que vous pouuez voir encore prouué par Plutarque, dans cette *a* Oeuure delectable qu'il a fait tout expres pour la confirmation de ce poinct particulier. Auec luy s'accordent *b* Alcinous & Plotinus, Escriuains plus modernes.

a De facie Lunæ.

b Instit. ad discip. Plat Cœl. Rhod l.1.c.4.

Ainsi Lucian en son discours du voyage de la Lune, dans lequel quoy qu'il die plusieurs choses par gausserie : si est-ce qu'au commencement il declare que ce traicté contient en soy des veritez serieuses touchant la forme reelle de l'Vniuers.

Le Cardinal Cusanus & Iornandus Brunus ont creu qu'il y a vn monde particulier dans chaque Estoille, & partant l'vn d'eux definissant nostre Terre, dit que c'est *une grande & magnifique Estoille, qui a une lumiere, vne chaleur, & vne influence particuliere, & qui n'a rien de commun auec les autres Estoilles.* A ceci semble incliner Nicolas Hill Autheur Anglois, quand il dit. * *Qu'il est probable que la terre est d'vne nature astrée.*

Mais l'opinion que ie propose icy a esté plus directement prouuée par *a* Mestlin, *b* Keppler, & *c* Galilée, tous Escriuains modernes, & celebres personnages pour leur exquise connoissance en l'Astronomie. *d* Keppler appelle ce Monde là du nom de *Leuania*, du mot Hebreu לבנה qui signi-

Cusan. de doct. ign. l. 2.c.12.

Stella quædam nobilis, quæ lucem & calorem & influentiã habet aliã, & diuersam ab omnibus aliis stellis.

* Philo.Ep. part.434.

Astrea terræ natura probabilis est.

a In Thesibus.

b De assertatio cum Nunc.

c Nuncius

Sydereus.
Somn. A-
stron.

fie la Lune, & noſtre terre du nom de
Volua à *Voluendo* , pource qu'à raiſon
de ſa reuolution iournaliere elle leur
paroiſt conſtammēt tourner en rond,
& partant il qualifie ceux qui viuent
en cetHemiſphere qui eſtvers nous,du
titre de *Subvolvani* ,parce qu'ils iouyſ-
ſent de la veuë de noſtre terre , & les
autres *Privolvani, qui à ſunt priuati con-*
ſpectu volua , parce qu'ils ſont priuez
de ce droict & de ce priuilege là. Mais
Iulius Ceſar la Galla que i'ay cité cy
deſſus , parlant du teſmoignage de
ceux que i'allegue pour cette opinion,
aſſauoir Keppler & Galilée , affirme
qu'il ſçait treſbien de ſa propre con-
noiſſance , qu'ils ne font que ſe moc-
quer en ce qu'ils eſcriuent concernant
ce poinct ; & ſe fait fort qu'ils n'ont
iamais penſé à vn tel Monde que celuy
dont eſt queſtion. Mais i'adiouſteray
pluſtoſt foy à leurs paroles , qu'à ſa
pretenduë connoiſſance.

De Phæn.
Lunæ. cap.
4.

Il eſt bien vray qu'en quelques choſes ils ne font que ſe gauſſer ; mais il
eſt auſſi manifeſte que quand au principal but de leurs diſcours, ils l'enten-

doient ferieufement, ainfi que le peut
aifément apperceuoir tout Lecteur in-
different. Quant à Galilée, il eft certain qu'il efcriuoit fon pur & vray
fentiment : autrement Campanella,
(qui connoiffoit auffi bien l'opinion
de Galilée que Cefar la Galla, & peut
eftre fa perfonne) n'euft iamais fait
vne Apologie pour luy. Et de plus,
il y a bien de l'apparence que fi ce
n'euft efté que par gaufferie que Galilée euft efcrit ces chofes , il n'euft iamais tant fouffert pour cette opinion,
comme on dit qu'il fit puis apres.

Et pour ce qui eft de Keppler, ie me
contenteray feulement de renuoyer le
Lecteur à fes propres paroles , ainfi
qu'elles font couchées en la Preface
du quatriéme liure de fon Epitome,
où fon deffein eft de faire vne Apologie pour l'eftrangeté des veritez qu'il
auoit là à declarer , entre lefquelles il
y a plufieurs chofes à ce propos touchant la nature de la Lune. Il prote-
fte qu'il ne les a point publiées par vne
humeur de contradiction, ou par de-
fir de vaine gloire, ou par maniere de

toit d'estre bruslé comme Phaëton, pourueu qu'il peust seulement se tenir deuant le Soleil pour contempler sa nature. Mais s'il eust vescu en nos iours, il eust pû iouyr de son desir à beaucoup meilleur marché; & en escaladant les Cieux auec cette Lunette, il eust clairement apperceu ce qu'il desiroit tant voir. Keppler considerant les admirables descouuertes qu'auoit fait cette Lunette, ne se pût tenir de s'escrier tout raui d'admiration.

O tres sçauante Lunette plus precieuse qu'vn Sceptre, qui est-ce qui te tenant à la main ne soit en mesme temps fait Maistre & Seigneur des Ouurages de Dieu? Et Fabricius, disert escriuain, parlant de ce mesme instrument, & pour cette inuention preferant nostre siecle aux autres precedens qui l'auoient ignorée, dit: *b Nous sommes si fort au dessus de la cognoissance des Anciens, que sans faire descédre la Lune par des vers magiques comme on estime qu'ils faisoient: non seulement nous l'abaissons iusques à nous auec toute sorte d'innocence, mais mesme nous la regardons familierement, & en exa minons la nature sans peine.* Et afin que vous n'ayez pas suiet de reuoquer en doute la verité des experiéces que i'en allegueray cy apres ; i'infereray icy le tesmoignage d'vn aduersaire mesme, & vous sçauez qu'vn tel tesmoignage a tousiours esté estimé valable & de grand'force. Vous pouuez voir vous mesme cette deposition dans le sus-nommé Cesar la Galla, dont voicy les paroles. *a La sage Antiquité a autrefois representé Mercure auec le caducée à la main, apportant aux hommes les nouuelles du Ciel, & ressuscitant les morts: mais le bon-heur de nostre siecle si poly & inuentif, nous fait voir & admirer au-iourd'huy Galilée, ce moderne interprete Ambassadeur des Dieux,& de Iupiter, qui nous descouure auec sa Lunette à la main la nature des Astres, & qui fait re-uiure les manes des anciens Philosophes.* Tant ces gens là auoient en haute esti-me cette excellente inuention.

Or si maintenant vous desirez sça-uoir ce qui se pouuoit faire par le moyen de cette Lunette, en l'aspect les choses plus prochaines de nous, ce

De Phæn. cap. 1. *a Mercuriũ caduceum gestantem, cœlestia nunciare, & mortuorum animas ab inferis reuocare sapiẽ finxit antiquitas. Galilæum verò nouum Iouis interpretem Telescopio caduceo instructum Sydera aperire, & veterum Philosophorum manes ad superos reuocare quasi conditionem intueamur.*

folers no-
ftra ætas
vides & ad-
miratur.

Ibid.ca.6.

meſme Autheur le vous racontera
quand il dit, que par le moyen d'icelle, les choſes qui à peine ſe pouuoient
du tout diſcerner à la diſtance d'vn
mille & demy, s'apperceuoient clairement & diſtinctement de ſeize milles
d'Italie, & ce tout côme elles eſtoient
reellement en elles-meſmes, ſans
tranſpoſition aucune ou falſification
quelconque. De maniere que ce que
les anciens Poëtes ont eſté comme
contrains de bailler par fiction, noſtre
plus heureux ſiecle la trouué en verité, & pouuons voir auſſi loin auec ces
yeux que Galilée nous a donnez, que
Lynceus auec ceux que les Poëtes luy
attribuent. Mais ſi vous doutez encor de la verité de toutes ces obſeruations, ce meſme Autheur les vous
pourra confirmer quand il dit *a* qu'elles furent monſtrées. *Non pas ſeulement
à vn ou à deux, mais à pluſieurs qui n'e-
ſtoient pas du commun, mais ſçauans &
tres-bien verſez en toutes ſortes de diſci-
plines, & particulierement aux Mathematiques & à l'Optique, qui les ont exa-
minées auec beaucoup de ſoin & de dili-*

a Ibid.ca.1.
Non vni
aut alteri,
ſed quam-
plurimis,
neque gre-
gariis ho-
minibus,
ſed præci-
puis atque
diſciplinis
omnibus,
nec non
Mathema-

gence. Et de peur qu'aucun scrupule ne demeurast sans responce, ou que vous vous allassiez imaginer qu'encore que ceux qui virent toutes ces experiences là fussent gens bien experts & entendus, si est-ce qu'ils y pouuoient estre venus auec vn esprit credule, & par ce moyen pouuoient plus aisément estre deceus : Il adiouste que elles furent monstrées *à ceux là mesmes qui y estoient venus auec dessein de combatre & refuter ces experiences là.*

Ainsi donc vous pouuez voir la certitude de ces experiences, effectuées par cette Lunette. Ie me suis estendu dauantage sur icelle, parce que i'emprunteray beaucoup de choses dans mon discours suiuant des descouuertes qu'elle a faites.

I'ay maintenant produit & cité les Autheurs tant anciens que modernes qui directement ont maintenu cette opinion. Ie vous ay dit aussi en la Proposition, qu'elle se pouuoit probablement deduire des maximes des autres : tels qu'estoient Aristarchus, Philolaus, & Copernique, auec diuers

ticis & Opticis præceptis optimè instructis sedulâ ac diligenti inspectione.

Viris quid ad experimenta hæc contradicendi animo accesserunt. ca. 5

Voyez le 2. liure Proposition 1.

autres Escriuains plus modernes, lef-
quels ont consenti à cette Hypothese:
Ainsi Rheticus, Origanus, Lansber-
gius, Gilbertus, & si i'en croy Campanella, vne infinité d'autres, tant Anglois que François, lesquels ont tous
affirmé que nostre terre est vne des
Planettes, & le Soleil le centre de
tout, autour duquel se meuuent les
corps celestes.   Et quelque estrange
que puisse sembler cecy d'abord, si y
a-il assez d'apparence qu'il est veritable, & n'y a aucune maxime ou obseruation en l'Optique, dit Pena, qui le
puisse improuuer ou refuter.

Or si nostre terre est vne des Planettes, (comme elle l'est selon eux)
pourquoy donc vne des autres Planettes ne pourra-elle pas estre vne terre?

Ainsi vous ay-ie fait voir la verité
de cette Proposition. Mais auant
que de passer outre, il est requis que
i'informe le Lecteur de la methode
que ie suiuray en la preuue de cette
principale assertion, assauoir qu'il y a
vn monde dans la Lune.

L'ordre donc que i'obserueray sera

celuy dont vſe Ariſtote en ſon liure
du Monde ; ſi ce liure là eſt de luy, &
parleray.

Premierement, des parties principales, qui ſont en la Lune ; & non des
elementaires & etherées (comme il
fait là) veu que cela n'appartient pas
à la preſente queſtion, mais de la Mer
& de la terre, &c. Secondement, des
choſes qui luy ſont extrinſeques, comme les Saiſons, les Meteores, & les habitans.

PROPOSITION VII.

Que ces taches, & ces plus claires parties
que nous voyons dans la Lune, mon-
ſtrent la difference d'entre la Mer & la
terre en cet autre Monde là.

POur plus claire preuue de cette propoſition, ie ſpecifieray
premierement, & refuteray en
meſme temps, les diuerſes opinions
touchant la matiere & la forme de ces

taches là : & puis apres ie monstrera[y]
que cette assertion presente est la plu[s]
propable de toutes, & qu'elle conuien[t]
mieux à cette verité communémen[t]
receuë. Quant à la diuersité des opinions touchant ce poinct, elles on[t]
esté en tres grand nombre : mais ie n[e]
feray mention que de celles qui fon[t]
communes & remarquables.

Les vns tiennent que ces taches n[e]
prouiennent point d'aucune difformité des parties, mais de la deceptio[n]
de l'œil, lequel ne peut pas à vne si
grande distance discerner ou apperceuoir vne egale lumiere en cette Planette là : mais ceux-cy ne font que le
dire seulement, & ne donnent aucune
raison pour preuue de leur opinion.
Ainsi Bede l. de Mund. constit. D'autres estiment qu'il y a quelques
corps entre le Soleil & la Lune qui
empeschans la lumiere en quelques
parties d'icelle, produisent par leur
ombre les taches que nous y voyons.

D'autres veulent que ces taches
soient la figure des Mers & des Montagnes d'icy bas, qui sont là represen-
tées comme en vn miroir. Mais pas
vne

vne de ces fantaisies ne peut estre
vraye, parce que ces taches là font
touſiours les meſmes, & ne varient
point ſelon la difference des lieux. Et
d'ailleurs, Cardan eſtime qu'il eſt im- De ſubtil,
poſſible que l'image d'vne choſe puiſſe li. 3.
eſtre portée ſi loin, pour nous eſtre
repreſentée à vne telle diſtance qu'eſt
celle là. Mais on rapporte communément de Pythagore, qu'eſcriuant
ſur vn verre ou glace ce qu'il vouloit,
par la reflexion de ces meſmes eſpeces il faiſoit paroiſtre ces lettres là
dans le cercle de la Lune, où elles
pouuoient eſtre leuës par qui que ce
fuſt qui en meſme temps euſt eſté
eſloigné de luy de pluſieurs milles.
Agrippa affirme cela eſtre poſſible, Occulta
& que le moyen de le faire ne luy Philoſ.
eſtoit pas inconnu, ny à quelques au- li.1.cap. 6.
tres de ſon temps. Et il ſe peut bien
faire que Goodvvin Eueſque Anglois,
accomplit par ſemblables moyens ces
eſtranges concluſions dont il ſe fait
fort dans ſon *Nuncius inani natus*, où il
pretend pouuoir informer ſes amis de
tout ce qu'il voudra, fuſſent-ils à cin-

O

quante lieuës loin, voire à cinq cens
lieuës de luy (ce font ces propres paroles) & tout cela en vn fort petit efpace de temps, & mefme plus promptement que ne fçauroit faire le Soleil par la rapidité de fon mouuement.

Or quel vehicule il y pourroit auoir
pour vn fi prompt paffage, c'eft ce que
ie ne puis conceuoir, fi ce n'eft par la
lumiere : n'y ayant rien comme nous
fçauons qui foit plus prompt : Mais
cela foit dit feulement en paffant.
Quoy qu'il en foit, foit que ces ima-
ges fe puiffent reprefenter ainfi ou
non, fi eft-il certain que ces taches là
ne reprefentent point telles chofes.
Il y en a qui eftiment que lors que
Dieu au commencement eut creé
trop de terre pour en faire vn parfait
globe, ne fçachant pas bien où employer le refte, il le plaça dans la Lune : ce qui la toufiours depuis obfcur-
cie en quelques endroits. Mais l'im-
pieté de cette refuerie refute fuffifam-
ment cette impertinente penfée, comme par trop derogeante à la puiffance

& à la sagesse diuine.

Le Stoïques tenoient que cette Planette là estoit meslée de feu & d'air,
& que la varieté de sa composition
causoit ces taches que l'on y voit: N'a-
yans pas de honte de dóner à ce mesme corps le tiltre de Deesse, l'appel-
lant *Diane*, *Minerue*, *&c.* & neantmoins affirmer qu'elle estoit composée d'vn meslange impur de flame
& de fumée, & d'air *fuligineux*.

Mais cette Planette, dit Plutarque,
ne peut estre composée de feu, parce
qu'il n'y a point de bois ni d'aliment
pour l'entretenir. Et c'est pourquoy
les Poëtes ont feint Vulcan boiteux,
parce qu'il ne peut non plus subsister
sans bois ou autre aliment du feu,
qu'vn boiteux sans vn baston.

Anaxagore à creu que toutes les
Estoilles estoient de nature terrestre
meslée de feu : & quant au Soleil, il
affirmoit n'estre autre chose qu'vn
caillou ardant : pour laquelle derniere opinion les Atheniens le con-
damnerent à la mort : ces zelez idola-
tres estimans que c'estoit vn grand

Plutarc. de
placi. Phil.
li.2.c.25.

Ioseph. l.2
cont. App.
August. de
ciuitate
Dei l.18.
c.41.

Q ij

blaſpheme de faire de leur Dieu vne
pierre, là où neantmoins ils eſtoient
eux-meſmes ſi brutaux & ſi infenſez
en l'adoration de leurs Idoles, qu'ils
faiſoient d'vne pierre leur Dieu.   Ce
meſme Anaxagore affirmoit que la
Lune eſtoit plus terreſtre que n'e-
ſtoient les autres Planettes, mais d'v-
ne pureté plus grande qu'aucune choſe d'icy bas ; & eſtimoit que les taches
n'eſtoient autre choſe que des parties
nubileuſes entremeſlées de lumiere
appartenante à cette Planettelà: mais
i'ay deſtruict cy deſſus la ſuppoſition
ſurquoy cette fantaiſie eſt fondée.
Pline croit que ces taches viennent de
quelque matiere excrementeuſe, meſlée de cette humidité que la Lune attire à ſoy : mais il eſtoit de l'opinion
de ceux qui eſtimoient que les Eſtoilles ſe nourriſſoient des vapeurs de la
terre, ce que vous pouuez voir refuté
dans les Commentateurs ſur les liures du Ciel.

Vitellio & Reinoldus affirment que
les taches ſont les parties les plus eſpeſſes de la Lune, dãs leſquelles le So-

leil ne peut pas infuſer beaucoup de lumiere: & c'eſt diſent-ils la raiſon pourquoy és Eclipſes de Soleil, les taches
& les parties les plus claires ſont touſiours en quelque meſure diſtinguées
les vnes d'auec les autres, pource que
les rayons du Soleil ne peuuent pas ſi
bien penetrer au trauers des parties
eſpaiſſes, qu'au trauers des parties les
plus ſubtiles de cette Planette là. De
cette opinion auſſi eſtoit Ceſar la Galla, dont voicy les paroles. *La Lune
paroiſt plus claire là où elle eſt tranſparente, non ſeulement au trauers de la ſuperficie, mais de la ſubſtance auſſi, & où ſon
corps eſt le plus opaque, là elle ſemble eſtre
tachée.* Or il fondoit cette aſſertion
ſur ce qu'il eſtimoit que la Lune ne
receuoit & ne donnoit ſa clarté que
par illumination ſeulement, & point
du tout par reflexion. Mais i'ay reſ-
pondu à cela cy deſſus & l'ay refuté;
comme auſſi la ſuppoſée penetration
des rayons du Soleil, & tranſparence
du corps de la Lune.

    La plus commune & plus generale
opinion eſt, que les taches ſont les

parties les moins espesses de la Lune, lesquelles sont moins capables de reflechir les rayons qu'elles reçoiuent du Soleil ; & cette opinion est tres conforme à la raison. Car si les Estoilles sont plus luysantes pource qu'elles sont plus espesses & plus solides que leurs Globes , il s'ensuiura donc aussi que ces parties là de la Lune qui ont le moins de clarté, ont aussi moins d'espesseur. Telle a esté la prouidence de la Nature, disent aucuns, d'auoir formé & façonné cette Planette auec ses taches : car puis qu'elle auoisine de plus pres ces plus bas corps qui sont si pleins de difformité ; il est requis qu'en quelque sorte elle y ait quelque rapport. Et comme en ce monde inferieur les corps les plus esleuez sont les plus accomplis ; ainsi és Cieux on monte à la perfection par degrez , & la Lune estant la plus basse , elle doit estre la moins pure. Et pour cette cause Philon Iuif interpretant le songe de Iacob touchant l'eschelle, monstre par allegorie comment en la

fabrique du Monde toutes choſes de-
uieilnent plus parfaites à meſure qu'elles s'eſleuent : & c'eſt dit-il, la raiſon
pourquoy la Lune n'eſt pas d'vne matiere pure & ſimple, mais meſlée d'air,
qui eſt cette obſcurité qui paroiſt en
ſon corps.

Mais cela ne peut pas eſtre vne raiſon ſuffiſante : car bien qu'il fuſt veritable que la Nature euſt formé chaque
choſe plus parfaite à proportió quelle
s'eſleue plus haut ; ſi eſt-il auſſi veritable que la Nature forme chaque choſe
entierement parfaite pour l'office ou
fonction à laquelle elle la deſtine. Or
ſi elle euſt deſtiné la Lune purement
pour reflechir les rayons du Soleil &
donner de la lumiere; les taches, n'auroient pas tant fait paroiſtre ſa prouidence que ſon ignorance & erreur,
comme ſi dans la precipitation de ſon
ouurage elle n'euſt pas ſceu comment
faire ce corps là exactement propre
pour l'vſage à quoy elle le deſtinoit.

Scalig. exerc.62.

Il y a donc bien de l'apparence que
quelqu'autre fin a meu la nature à produire cette varieté là ; & ſelon toute

probabilité, fon but & intention a
efté d'en faire vn corps propre pour
l'habitation, auec les mefmes commoditez de mer & de terre dont ce Monde inferieur a efté fait participant. Car
puis que la Lune eft vn corps vafte, fo-
lide & opaque comme noftre terre
(ainfi que ie l'ay prouué cy deffus:)
pourquoy ne feroit-il pas probable
que ces parties efpeffes, & ces parties
minces qui paroiffent en elle, de-
monftrent la difference entre la Mer
& la terre en cet autre Monde là? &
Galilée ne doute point que fi noftre
terre eftoit vifible à cette mefme diftance, elle ne paruft tout de la mefme
façon.

Si nous confiderons la Lune comme
vne autre terre habitable, toutes ces
chofes qui paroiffent en elle feront
tout a fait exactes & tres belles, &
nous pourront faire voir qu'elle eft
parfaitement accomplie pour toutes
les fins aufquelles la Prouidence la or-
donnée. Mais confiderez la nuëment
comme vn Aftre ou luminaire, & alors
il apparoiftra en elle beaucoup d'im-
perfe-

perfection & de difformité, comme
estant d'vne impure & sombre substance, & ainsi tres mal propre à vn
employ de cette nature là.

Quant à la forme de ces taches, aucuns du vulgaire estiment qu'elle represente la figure d'vn homme : & les
Poëtes feignent que c'est le ieune Endymion, duquel elle aime tant la com-
pagnie, qu'elle le porte toussiours auec
elle. D'autres veulent seulement que
ce soit la face d'vne homme, ainsi
qu'ordinairement on represente la
Lune. Mais Albert le grand estime
qu'elle represente plustoft vn Lion
auec sa queuë vers l'Orient, & sa teste
vers l'Occident : Et *a* quelques autres
l'ont estimée ressembler fort à vn re-
nard. Et certainement elle ressemble
autant à vn Lion que fait celuy du Zo-
diaque, ou que la *grande Ourse* à vn
Ours.

Pour moy, ie croy qu'elle represente aussi peu l'vn que l'autre, & quoy
que ce soit aussi bien qu'aucune de ces
choses : puis que ce n'est qu'vne forte
imagination qui se fantaisie telles fi-

a Euseb.
Nicremb.
Hist. Nat.
li. 8. ca. 15.

gures , comme font ordinairemen[t]
les enfans és marques d'vne paroy bar[rs]
boüillée , où neantmoins és taches
mesmes il ne se trouue rien de tel, les[s]
quelles bien plustoft, ainsi que nostr[e]
mer à l'esgard de la terre, paroissen[t]
sous vne figure raboteuse & confuse,
& ne representent aucune image di[s]
stincte. De sorte que tant au regard d[e]
la matiere que de la forme, il est asse[z]
probable que ces taches & ces partie[s]
les plus claires, monstrent la differen[-]
ee d'entre la Mer & la Terre en ce[t]
autre Monde là.

PROPOSITION VIII.

Que les taches representent la Mer, &
les parties les plus claires la Terre.

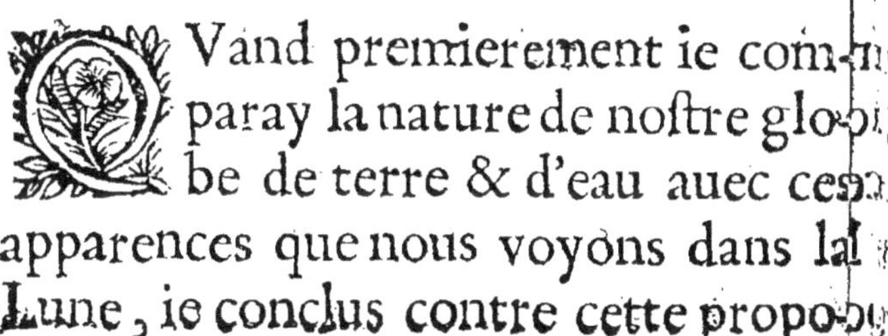

Vand premierement ie com-
paray la nature de nostre globe de terre & d'eau auec ces
apparences que nous voyons dans la
Lune, ie conclus contre cette propo-

...tion presente, que les parties les plus
lumineuses representoient l'eau , &
les taches la terre ; & de cette opinion
fut aussi Keppler au commencement.
Mais mes secondes pensées, & la lecture que i'ay faite d'autres Autheurs,
m'ont maintenant conuaincu (comme il le fut aussi apres) de la verité de
cette proposition icy.   Auant donc
que de venir à la confirmation d'icelle , ie feray mention tout premierement des scrupules & des doutes qui
au commencement me faisoient douter de la verité de cette opinion.

I. On peut obiecter qu'il y a bien de
l'apparence que s'il y auoit là quelque
mer ou terre comme la nostre, elle
deuroit auoir quelque proportion &
similitude auec elle : mais cette proposition icy leur oste toute ressemblance. Car comme ainsi soit que la
superficie de nostre terre n'est qu'vne
tierce partie de toute la surface du globe , les deux autres parties estans couuertes d'eau , comme l'obserue Scaliger ; si est-ce qu'icy selon cette opinion , la mer seroit moindre que la

P ij

terre, veu qu'il n'y a point tāt de parties tachées dans la Lune, qu'il y en
a d'illuminées, & partant il est croyable qu'il n'y a rien de tout cela, ou que
les parties les plus claires sont la mer.

2. L'eau, à raison de sa superficie
plane & vnie, semble estre plus propre à reuerberer les rayons du Soleil
que n'est pas la terre, laquelle en la
pluspart des lieux est si aspre, si raboteuse, & si remplie d'herbes, d'arbres,
& de tels autres empeschemens à la
reflection : Et d'ailleurs, l'experience
nous fait voir, que l'eau resplendit
auec vne plus grande & plus glorieu-
se clarté que non pas la terre : & partant il sembleroit que les taches seroient la terre, & les parties les plus
claires l'eau. Mais à la premiere de
ces objections nous pouuons respondre.

1. Qu'il n'y a pas grande apparence
en cette consequence, assauoir que
pource qu'il en est ainsi chez nous, il
faille qu'il en soit de mesme és parties de la Lune ; car puis qu'il y a vne
si grande difference entr'elles en di-

uers autres esgards, il se peut bien faire aussi qu'elles ne s'accordent pas en
celuy-ci.

2. Que cette assertion de Scaliger
n'est pas approuuée de tous, & ne de-
meure-t'on pas d'accord de sa verité.
Fromondus & autres estiment que la
superficie de la mer & de la terre, en- *De Meteo-*
tant qu'il y en a de descouuerte ius- *ris l. 5. c. 1.*
ques icy, est egale & de mesme esten- *art. 1.*
duë.

3. Que le globe d'air espais & vaporeux qui enuironne la Lune, fait
paroistre les parties les plus claires de
cette Planette là plus grandes qu'elles
ne sont en elles-mesmes : comme ie
monstreray cy apres.

A la seconde obiection on peut respondre, qu'encore que l'eau soit d'vne
superficie vnie, & qu'ainsi elle puisse
sembler estre plus propre à reuerberer
la lumiere : si est-ce que d'autant que
elle est d'vne nature claire & transpa-
rente il faut necessairement que les
rayons du Soleil la penetrent, & par
consequent ne peuuent pas estre si fortement & si clairement reuerberez.

Et comme en vn miroir où vne partie
de l'estain est raclée, & où il n'y a rien
derriere pour reuerberer l'image, il
faut (dit Cardan) que les especes paf-
sent au trauers & ne rejalissent pas;
ainsi là où les rayons penetrent &
s'enfoncent dans la substance d'vn
corps, il n'y peut auoir vne reflexion
si immediate & si forte que quand ils
font reflechis & repoussez de la superficie, & c'est pourquoy le Soleil cause
vne chaleur beaucoup plus grande sur
la terre que sur l'eau. Et quant à l'experience qu'on allegue où l'on dit que
les eaux rendent vne plus grande
splendeur que la terre : Ie responds
que cela est vray, mais ce n'est seulement que là où elles representent l'i-
mage du Soleil, ou de quelque nuée
claire , & non pas en d'autres lieux,
specialement si nous les regardons de
loin & à vne grande distance, ainsi
qu'il est manifeste & euident par l'obseruation commune.

Et est certain que du sommet d'vne
haute montagne, la terre paroist beaucoup plus resplendissante que ne fait

aucun estang ou riuiere.

Cela se peut encore illustrer d'a-
uantage par la similitude d'vn miroir posé contre vne muraille à la
clarté du Soleil, où si l'œil n'est placé en iuste ligne de reflexion du
miroir, il est tres certain que la muraille apparoistra plus esclattante
que le miroir mesme. Il est vray
qu'en la ligne de reflexion, la clarté
du miroir est presque egale à celle qui
vient immediatement du Soleil mesme : mais ce n'est seulement qu'en vn
certain lieu particulier, & ainsi n'est
pas semblable à cette clarté que nous
voyons dans la Lune, parce que celle-
cy paroist egalement en diuerses situa-
tions, ainsi que fait celle de la muraille ; laquelle paroist claire & brillante
de quelque endroit que ce soit, aussi
bien que d'aucun lieu particulier.
Parquoy, tant s'en faut que l'inegalité raboteuse de la muraille, ou (selon que le porte l'obiection) celle de
nostre terre soit vn empeschement à
vne telle reflexion que celle que nous
voyons prouenir de la Lune, qu'au

contraire elle y eſt pluſtoſt requiſe
comme vne condition qui luy eſt neceſſaire. Nous pouuons conceuoir
aiſément qu'en tout corps mal vni &
raboteux, il y a, s'il faut ainſi dire, des
ſuperficies inombrables, diſpoſées en
vne diuerſité infinie d'inclinations.
De ſorte qu'il n'y a aucun lieu où il ne ſe
rencontre quantité de rayons reflechis, des
infinies petites ſuperficies, qui ſont diſ-
perſées en toutes les parties de ce corps ra-
boteux, & touchées des rayons du Soleil.
Mais neantmoins comme i'ay dit cy
deſſus, la terre reçoit vne grande partie de ſa clarté par illumination, auſſi
bien que par reflexion.

De ſorte que nonobſtant tous ces
doutes, cette propoſition demeure
veritable, aſſauoir que les taches peuuent eſtre la mer, & les parties les
plus claires la terre. a Plutarque eſtoit
de cette opinion : & auec luy ſe ſont
accordez Keppler & Galilée, dont
voicy les paroles. *Si quelqu'vn veut*
faire reuiure l'opinion des Pythagoriciens,
qui croyoient que la Lune eſtoit vne autre
terre, la partie la plus claire repreſentera
ſans

Galilæus
Syſtem.
coll. 1.

a De facie
Lun. Diſ-
ſertatio.
Nunc. Syd.

fans doute la fuperficie terreftre, & la plus obfcure reprefentera celle de l'eau. Pourmoy ie n'ay iamais douté que fi le globe de la terre eftoit regardé de loin, & efclairé des rayons du Soleil, fa partie terreftre ne paruft la plus claire, & celle de l'eau la plus obfcure.

Dont les raifons peuuent eftre.

1. Celle que i'ay alleguée au chapitre precedent, affauoir, pource que l'eau eft la partie la plus rare & la plus mince, & partant doit rendre moins de clarté. Puis que l'on conclud cómunément que les Eftoilles & les Planettes, à raifon de leur grande lueur & clarté, font les parties les plus efpeffes de leur globe.

2. L'eau, de foy mefme, eft d'vne couleur plus noiraftre, dit Ariftote, & partant eft plus efloignée de clarté que n'eft pas la terre. Quelques parties de la terre eftans humectées de la pluye, paroiffent beaucoup plus noires que non pas quand elles font feches. In lib. de Coloribus.

3. L'on remarque que la feconde lumiere de la Lune (qui apres fe trouue proceder de noftre terre) nous

Q

est sensiblement plus claire deux
ou trois iours auant sa conionction
auec le Soleil, au matin quand elle
paroist à l'Orient ; qu'elle n'est apres
sa conionction enuiron ce mesme
temps quand on la void à l'Occident.
La raison de cela doit estre, parce que
cette partie de la terre qui est opposée
à la Lune à l'Orient, à plus de terre que
de mer. La où au contraire quand la
Lune est à l'Occident, elle est esclairée
par cette partie de nostre terre où il y
a plus de mer que de terre, d'où il s'ensuiura tres probablement que la terre
iette vne plus grãde lumiere que l'eau.

4. Parce que l'experience nous ap-
prend que les parties tachées sont
tousiours vnies & esgales, ayant par
tout vne esgalité de lumiere quand
vne fois elles sont esclairées du Soleil:
au lieu que les parties plus lumineuses sont pleines de gibositez raboteuses, & de Montagnes, ayans beaucoup d'ombres en elles, comme ie le
feray voir tantost plus amplement.

Qu'il faille qu'en cette Planette là
il y ait des Mers, Campanella tasche à

le prouuer par l'Escriture, interpretant que par *les eaux au dessus de l'esten-*
due dont il est parlé dans la Genese,
est entendu la Mer de ce monde là.
Car, dit-il, il n'y a pas d'apparence
qu'il y ait de telles eaux au dessus des
globes celestes pour moderer cette
chaleur qu'ils reçoiuent par leur mouuement rapide, ainsi que l'ont creu
quelques anciens Peres: Ni que Moyse ait par là entendu les Anges, qu'on
peut appeller eaux spirituelles, comme le voudroient Origene & S. Augustin, car l'vne & l'autre de ces opinions sont vniuersellement reiettées:
Ny mesmes ne le pouuoit-il pas entendre des eaux dans la seconde region, ainsi que l'interpretent la pluspart des Commentateurs. Car premierement il n'y a là rien que des và-
peurs, lesquelles bien que puis apres
elles se conuertissent en eau, si est-ce
que pendant qu'elles y demeurent, elles ne sont seulement que la matiere
de cet element là, qui peut aussi bien
estre feu ou terre, ou air. Secondement, ces vapeurs ne sont pas au des-

Q ij

Apologia
pro Gali-
læo.

Vide Ieron.
epist, ad
Pamma-
chium.
Confessio.
l. 13. c. 32.
Retract.
lib. 2. Retr.
cap. 6.

sus de l'eſtenduë, mais dans l'eſtenduë.
De maniere que cet autheur croid
qu'il n'y a point d'autre moyen pour
ſauuer tout, qu'en faiſant des Planettes autant de Mondes diuers, auec
Mer & terre, & riuieres & ſources
comme nous auons icy bas : veu principalement qu'Eſdras parle des ſources au deſſus de l'eſtenduë. Mais ie ne
puis pas m'accorder auec luy en ceoy :
ny meſme ne ſçaurois-ie croire qu'aucune telle choſe ſe puiſſe prouuer de
l'Eſcriture.

Auant que de paſſer outre à la Propoſition ſuiuante, ie reſpondray premierement à quelques doutes que l'on
pourroit former contre l'vniuerſalité
de cette verité, & par leſquelles il
pourroit ſembler tout a fait impoſſible qu'il y euſt ou mer ou terre dans la
Lune. Car puis qu'elle ſe meut auec ſi
grande viſteſſe comme le remarquent
les Aſtronomes ; d'où vient donc (diront quelques-vns) qu'il n'en tombe
rien ? ou pourquoy ne ſecouë-t'elle
point quelque choſe hors de ſoy par la
celerité de ſa reuolution ? A cela ie

responds, que vous deuez sçauoir que
l'inclination qu'à tout corps pesant
vers son propre centre, l'attache suffisamment à son lieu naturel ; tellement que supposé que quelque chose
en fust separée, si faudroit-il necessairement qu'elle y retournast. Et le
danger de leur cheute dans nostre
Monde n'est pas plus à craindre, que
nostre cheute à nous dans la Lune.

  Neantmoins, il se fait beaucoup de
contes fabuleux de choses qui en sont
tombées. Comme entr'autres celuy
de ce Lion de Nemée que Hercule tua, Vide Gul.
qui d'abord sortant de sa cauerne in- Nubrigens.
connuë dans la montagne de Cythe- de rebus
reō en Beotie & se iettant sur les trou- Anglic. l. 1.
peaux ; le peuple credule s'imagina
tout aussi tost, qu'il leur estoit enuoyé
de la part de leur Deesse la Lune. Et si
par hazard quelque tourbillon de vent
enleuoit quelque chose en haut &
puis la laissoit retomber, cette populace ignorante s'imaginoit incontinent qu'elle estoit tombée du Ciel.
Ainsi Auicenne nous fait vn conte
d'vn certain veau qui tomba d'en haut

par vn grand orage, les spectateurs le
prenant pour vn veau qui asseurément estoit tombé de la Lune. Cardan aussi nous dit que voyageant sur
les Monts Appennins, vne soudaine
bourrasque de vent luy enleua son
chapeau, lequel s'il eust esté emporté
bien loin, il croid que les paysans l'apperceuant tomber eussent iuré qu'il
auroit pleu des chappeaux. De mesme maniere à peu pres sont aduenus
plusieurs de nos prodiges ; & le peuple croid volontiers quoy que ce soit
pour le raconter aux autres comme
des euenemens estranges & miracu-
leux. Ie ne doute point que le Palla-
dium de Troy, la Minerue de Rome,
auec beaucoup d'autres merueilles
que quelques vns conseruent soigneu-
sement, ne puissent aussi bien estre
tombées de là, qu'aucune de ces choses dont nous auons parlé cy dessus.

Mais l'on pourra encore faire cette
obiection. Posez qu'on tirast de ce
monde là vn boulet de canon en haut:
la Lune ne s'en enfuiroit-elle point
auant qu'il y peust retomber, puis que

le mouuement de son corps à elle qui
se fait chaque iour au tour de nostre
terre est beaucoup plus viste que n'est
pas le mouuement de l'autre : & par
ce moyen ne faudroit-il pas que le
boulet demeurast en arriere & qu'en
fin il retombast icy à nous ? A cela ie
responds,

1. Que si vn canon portoit vn boulet si loin que de pouuoir paruenir
iusqu'à la circonference des choses
qui appartiennent à nostre centre;
alors ce boulet retomberoit à nous.

2. Qu'encore que quelque corps pesant fuft à vne grande hauteur dans
cet air là, si est-ce que le mouuement
du globe magnetique auquel il appar-
tiendroit, le retiendroit tousiours
dans sa conuenable distance par vne
vertu attractiue ; tellement que soit
que cette terre là se meust ou ne bou-
geast d'vne place, vne mesme violence en ietteroit vn corps tousiours esgalement loin. Et afin que ie puisse
mieux exprimer & faire entendre
mon intention , ie poseray icy ce
Diagramme.

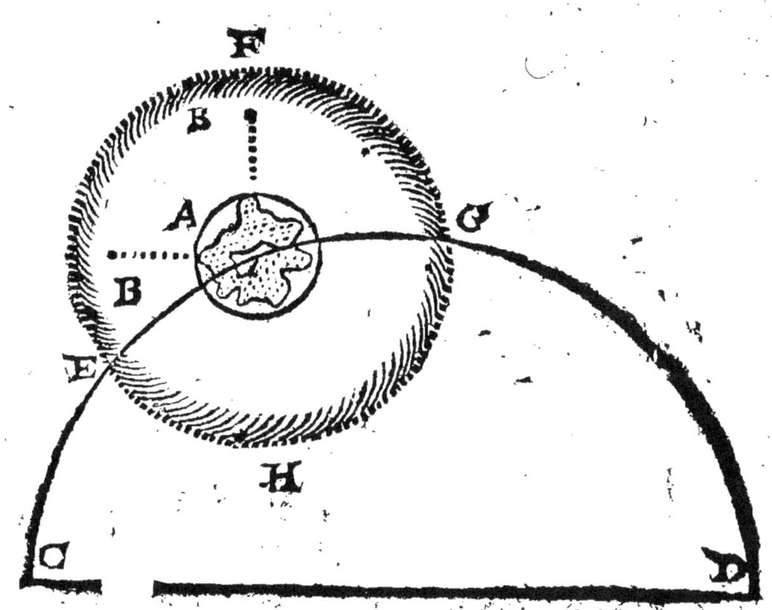

Imaginez-vous que A fuſt vne terre, qui euſt à ſe mouuoir dans le cercle C D. & ſuppoſez que le boulet
ſoit au B, au dedans de ſa propre Sphere : ie di , qu'encore que cette terre là
fuſt immobile où qu'elle ſe meuſt auec
viſteſſe vers D. ſi eſt-ce que le boulet
ſe tiendroit touſiours à la meſme diſtance, à raiſon de cette vertu magnetique du centre (s'il faut ainſi dire)
par laquelle toutes choſes , dans ſa
propre ſphere , ſont attirées auec ſoy.
De ſorte que la violence faite au boulet

let n'estant autre chose que ce par
lequel il est remué ou esloigné de son
centre, c'est pourquoy vne egale violence peut emporter vn corps hors de
son propre lieu, mais à vne distance
egale, soit que cette terre là où son
centre est, se meuue, ou ne bouge
d'vne place.

Le Lecteur non passionné, pourra
trouuer suffisamment dequoy se satisfaire sur cet argument & autres
semblables que l'on pourroit alleguer
contre le mouuement de cette terre
là, dans les escrits de Copernic &
dans ceux de ses Sectateurs, ausquels
pour briefueté ie le renuoye.

R

PROPOSITION IX.

Que dans le corps de la Lune il y a des
hautes Montagnes, des profondes val-
lées, & des Campagnes spacieuses.

Ombien que quelques-vns
estiment que les montagnes
sont des difformitez en la
terre, comme si elles auoient esté ou
esleuées par le deluge, ou bien iettées
comme autant de monceaux de moi-
lon resté en la creation ; si est-ce que si
on les considere bien, l'on trouuera
qu'elles contribuent autant à la beau-
té & à la commodité de l'vniuers, que
aucune de ses autres parties. Nature
(dit Pline) les a fabriquées expres
pour diuers excellens vsages : en partie pour dompter l'impetuosité des
plus grands fleuues, affermir certaines
iointures au dedans des veines & des
entrailles de la terre, dérompre par la
dureté des roches les flots & vagues,

Hist. Nat.
l.36. c.1.

& reprimer les Mers, & pour le salut
& seureté des habitans de la terre, soit
hommes ou bestes. Or qu'elles fa-
cent fort pour la protection des animaux, le Psalmiste le tesmoigne en ces
mots. *Les hautes montagnes sont pour
les chamois, & les rochers sont la retraite
des connils.* Ce Prophete Royal auoit
aussi appris par sa propre experience,
combien il y faisoit seur, lors qu'il fut
luy mesme contraint de faire d'vne
montagne son refuge, pour euiter la
fureur de son Maistre Saul qui le per-
secutoit au desert.

 Il est vray que ces lieux là tiennent
tousiours leurs habitans pauures &
chetifs, comme estans tres steriles:
mais aussi ils les conseruent & les met-
tent en seureté, comme estans tres
forts. Tesmoin ces inuincibles pays
de Gales & d'Escosse, dont la plus
grande protection a esté la force naturelle de leur pays, tellement forti-
fié de montagnes, qu'elles leur ont
tousiours esté vne asseurée retraicte
pour les garantir de la violence & de
l'oppression de leurs ennemis. C'est

Psal. 104.
vers.18.

pourquoy vn bon Autheur les a à bon
droit appellées , les Bouleuars de la
Nature, baſtis & eſleuez aux deſpens
du Tout puiſſant ; & la honte & le
frein des armées victorieuſes : ce qui
rendit les Barbares (comme il ſe lit
dans Quinte-Curſe) ſi perſuadez de
leur ſeureté quand ils s'eſtoient reti-
rez en vne montagne inacceſſible, que
lors que l'Ambaſſeur d'Alexandre les
eut induits à vn pour-parler , & que
leur perſuadant de ſe rendre il leur
eut dit & raconté les grandes victoi-
res de ſon Maiſtre , & quelles Mers &
quels deſerts il auoit paſſé : ils repli-
querent que tout cela pouuoit bien
eſtre, mais Alexandre dirent-ils, pourroit-il bien voler auſſi ? Sur les mers il
pouuoit auoir des Nauires, & ſur la
terre des cheuaux : mais il faudroit
qu'il euſt des aiſles auant que il peuſt
monter icy. Tant ces Barbares ſe tenoient eſtre aſſeurez dans les montagnes où ils ſe retiroient. Certainement donc ces parties là ſi vtiles n'ont
point eſté l'effect du peché de l'homme , ny produites par la malediction

du monde, le Deluge, mais pluſtoſt
ont eſté creées dés le commencement
par la bonté & prouidence du Tout
puiſſant.

Cette verité ſe conclud & ſe confirme ordinairement par ces argumens & autres ſemblables.

1. Parce que l'Eſcriture meſme, en
la deſcription qu'elle fait du deluge
vniuerſel, nous dit, qu'il couurit toutes les plus hautes montagnes.

2. Parce que Moyſe, qui a eſcrit long
temps apres le deluge, donne neantmoins la meſme deſcription des lieux
& des riuieres qu'ils auoient auparauant, ce qui n'euſt pû bonnement eſtre
ſi ce deluge euſt apporté vn ſi eſtrange
changement.

3. Il eſt tout notoire & euident
que les arbres demeurerent alors ſur
pied comme auparauant. Car autrement ce n'euſt pas eſté vne ſi bonne
raiſon à Noé de conclurre que les
eaux s'eſtoient abbaiſſées, de ce que
la Colombe auoit rapporté en ſon
bec vne fueille d'Oliuier lors qu'elle
fut enuoyée pour la ſeconde fois: Veu

que si les arbres eussent esté desraci-
nez & emportez par le deluge, la colombe en auroit peu prendre dés la
premiere fois, de quelqu'vn de ceux
qui auroient flotté sur les eaux. Or si
l'esmotion des eaux ne fut pas si vio-
lente que de renuerser les arbres;
beaucoup moins donc auroit elle esté
capable d'accumuler de si vastes & si
prodigieux monceaux de terre comme sont les montagnes.

4. Quand l'Escriture nous estalle
la puissance, & l'immensité de Dieu,
par la diuersité ou vtilité des creatures qu'il a faites : elle nous fait souuent mention entr'autres choses des
montagnes. Et partant il est probable
qu'elles furent creées dés le commencement. A cecy ie pourrois encore adiouster, qu'en d'autres passages de
l'Escriture la Sapience diuine monstrant son antiquité : dit, qu'elle *estoit
dés le commencement, auant que la terre
ou que les Montagnes fussent nées.*

5. Si nous pouuons adiouster foy
aux relations que nous fait l'antiquité, nous trouuerons qu'il resta apres le

Psal.104.8.
Item 148.9
Esay. 40.
12.

Prou.8.25.
Psal.90.2.

Ioseph.
Ant. lib. 1.
cap. 3.

deluge grand nombre de monumens
en leur entier.

Tellement que si i'entends prouuer
que la Lune soit vn monde habitable
comme est le nostre, il est requis & necessaire que ie monstre qu'elle a aussi
les mesmes commoditez, propres
pour l'habitation. Et si quelque Rabbin ou quelque Chymique auoit à
manier ce poinct, il le prouueroit premierement par l'Escriture, de ce passage du Deuteronome chap. 33. où il
est fait mention de la benediction de
laquelle Moyse benit le peuple d'Israël
où il parle des *Montagnes anciennes*, &
des *costaux d'eternité*. Car ayant immediatement deuant fait mention des
benedictions qui aduiendroient à Ioseph par l'influence de la Lune : il les
reitere tout aussi tost par voye d'ex-
position, en le benissant des choses les
plus exquises des montagnes anciennes, & des costaux d'eternité. Vous
pouuez voir aussi la mesme expression
pratiquée par Iacob, en la benedi- Genes.49.
ction de Ioseph. 26.

Mais bien que nous puissions dispu-

ter pour & contre en Philosophie; si
ne faut-il pas pourtant se seruir des
veritez diuines auec trop grande liberté, ou produire l'Escriture pour
authoriser nos fantaisies, bien que
peut estre ce fussent autant de veritez.
Ie ne suis point du sentiment de ceux
qui estiment que ce soit vne bonne
voye, de confirmer les secrets Philosophiques de la lettre de l'Escriture, ou
en abusant de quelque texte obscur
d'icelle. Cela tient trop (à mon auis)
de l'humeur melancholique des Chy-
miques, lesquels en toutes leurs recherches visans à faire de l'or, se per-
suadent que les plus sçauans & plus
subtils d'entre les Autheurs anciens,
en tous leurs passages obscurs, enten-
doient le mesme sens qu'ils s'imaginent faire pour eux. De là vient qu'ils
deriuent de si estranges mysteres des
fables des Poëtes, & vous sçauent dire quel grand secret c'estoit que l'antiquité cachoit sous cette fiction de
Iupiter, transmué en pluye d'or; de
Mercure estant fait l'interprete des
Dieux : de la descente de la Lune en
terre

terre pour l'amour d'Endymion : &
telles autres interpretations ridicules
de ces fables & autres semblables, lesquelles nul homme sage & aduisé ne
conceura pouuoir proceder que de
ceux qui ont l'esprit estropié. Les
Rabbins ne sont pas moins extraua-
gans en ce regard, parmy lesquels il
n'y a opinion, soit en la nature ou en
la Politique, soit vraye ou fausse, que
quelqu'vn d'eux par vne interpretatiõ
Cabalistique, n'appuye sur quelque
passage obscur de l'Escriture, ou (si
besoin est) sur vn texte tout a fait contraire : N'y ayant absurdité si grossie-
re & si incroyable pour laquelle ces
abuseurs du texte ne trouuent quelque
argument: bien que toutesfois la voye
la plus naturelle, & qui se doit obser-
uer en toutes controuerses, est d'appliquer à chaque chose les preuues
qui luy sont propres : & quand nous
traitons des veritez Philosophiques,
nous en tenir dans les bornes de la raison & de l'authorité humaine.

Mais que cela soit dit seulement en
passant. Pour plus grande preuue de

S

cette propoſition, ie pourrois encore icy produire le teſmoignage de Diodore, lequel a creu que la Lune eſtoit pleine de colines & de lieux rudes & aſpres : mais il a grandement erré en quelques circonſtances, ſur tout quãd il a dit qu'il y a vne iſle chez les Hyperboreens, d'où l'on peut aiſément deſcouurir ces montagnes là, pour laquelle choſe *a* Cœlius Rhodiginus l'appelle Eſcriuain fabuleux. Mais vous aurez vne authorité plus expreſſe és opinions d'Anaxagore & de Democrite, leſquels tenoient que cette Planette là eſtoit pleine de cãpagnes, de Montagnes & de vallées. Ce qui ſembloit pareillement probable à Auguſtinus Niſus, dont voicy les paroles. *Peut-eſtre n'eſt il pas hors de raiſon de dire que les parties de la Lune ſont differentes auſſi bien que celles de la terre, dont les vnes ſont hautes & les autres baſſes, & que cette diuerſité fait paroiſtre la Lune ainſi : ce qui n'eſt pas ſans fondement, d'autant que la Lune n'eſt pas vn corps parfaitement ſpherique, eſtant ſi fort eſloigné du premier Ciel, comme la cy de-*

uant remarqué *Ariſtote*. b Blancanus Ie-
ſuite conſent à cette verité, & la confirme par diuerſes raiſons. c Keppler a
remarqué és Eclipſes de Lune que la
ſeparation de ſa partie illuminée d'a-
uec celle qui ne l'eſt pas, ſe fait par
vne ligne courbe & inegale, dont on
ne peut conceuoir d'autre cauſe probable, ſinon que cela procede de la
rugoſité de cette Planette là : car cela ne peut en façon du monde eſtre
produit par les ombres des montagnes d'icy bas en terre, parce qu'elles s'eſtreſſiroient tellement auant que
l'atteindre ſi haut en ombre conique,
qu'elles ne nous ſeroient pas du tout
ſenſibles, ainſi qu'on le pourroit ayſé-
ment demonſtrer ; ny meſme ne peut
on pas s'imaginer qu'elle raiſon de
cette difference il y auroit au Soleil.
C'eſt pourquoy n'y ayant point d'autre corps qui interuienne és Eclipſes,
il faut neceſſairement conclurre, que
cela eſt cauſé par vne varieté de parties en la Lune meſme : & qu'elles
peuuent-elles eſtre, ſinon ſes gibboſitez ? Or ſi vous demandez la raiſon

toſæ, ex
quarum
differentia
effici po-
teſt facies
illa Lunæ;
nec eſt ra-
tioni diſſo-
num, nam
Luna eſt
corpus im-
perfectè
ſphæricum,
cum ſit cor-
pus ab vlti-
mo cœlo
elonga-
tum, vt ſu-
pra dixit
Ariſtote-
les.
b De mun-
di fab. par.
3. cap. 4.
c Aſtron.
Opt. ca. 6.
num. 9.

S ij

pourquoy il y auroit tant de gibbofi-
tez dans cette Planette là , le mefme
Keppler vous y fait cette refponce par
raillerie. Suppofant (dit-il) que les
habitans de ce monde là font plus
grands que nous, à mefme proportion
que leurs iours font plus longs que les
noftres , affauoir de quinze fois : il fe
pourroit bien faire qu'à faute de pier-
res pour baftir de fi grands edifices
comme il leur feroit befoin , il leur a
fallu fouyr de grands creux ronds
dans la terre, d'où ils peuffent & fe
procurer de l'eau pour eftancher leur
foif , & fe tournans là dedans auec
l'ombre , euiter ces grandes chaleurs
aufquelles autrement ils feroient fu-
iets. Ou fi vous voulez permettre à
Cæfar la Galla de deuiner de la forte,
il croiroit pluftoft que ces nations al-
terées ont efleué de fi hauts & fi
grands nombre de monceaux de terre
en fouyffant leurs caues à vin : ce qui
foit dit feulement en paffant.

Ie produiray en fecond lieu le tef-
moin occulaire de Galilée, c'eft à dire
fon *Nuncius Sydereus* , duquel princi-

palement il faut que ie depende le
plus pour la preuue de cette propofition. Lors donc qu'il contempla la
nouuelle Lune au trauers de fa Lunette, elle luy apparut fous vne figure ra-
boteufe & tachée, les parties tene-
breufes & les parties illuminées eftant
diuifées par vne ligne courbe, ayant
quelques portions de lumiere à vne
bonne diftance de l'autre: Et cette difference eft fi remarquable, qu'on la
peut aifément apperceuoir au trauers
d'vne de ces lunettes d'approche qui
fe vendent communément parmy
nous. Mais afin que vous puiffiez
mieux comprendre ce que ie propo-
fe, i'en reprefenteray icy la figure
comme ie la trouue dans Galilée.

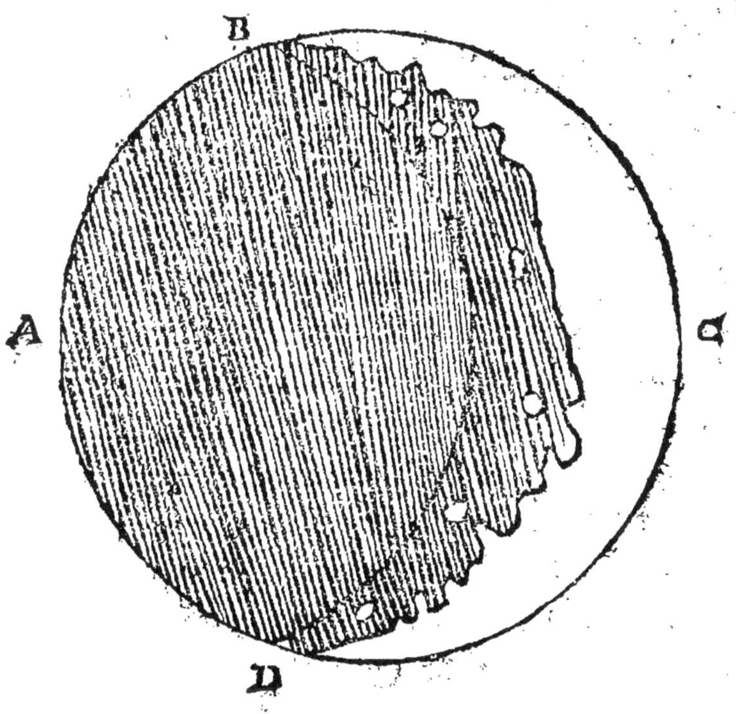

Posez que ABCD represente le
corps de la Lune comme elle paroist,
estant en sextile aspect, vous y pouuez
voir quelques petites parties claires,
separées à vne assez considerable distance de l'autre, ce qui ne peut estre
autre chose que la reflexion des rayós
du Soleil sur des parties qui sont &
plus hautes & plus esleuées que le reste: & faut que ces gibbositez obscu-

res qui sont vers les parties illuminées, soient des endroits creux & profonds où les rayons du Soleil ne peuuent atteindre. Mais quand la Lune s'est plus esloignée du Soleil, & est paruenuë à cette pleineur sous laquelle la ligne B D la represente : alors ces parties icy aussi reçoiuent vne esgale lumiere, excepté seulement la difference qui paroist entre leur mer & leur terre. Et si vous considerez comment tout corps aspre & raboteux paroistroit estant illuminé, vous conceurez aisément qu'il faudroit de toute necessité qu'il parust sous vne forme raboteuse & inegale telle que on represente icy la Lune. Or pour l'infaillibité de ces apparences, ie renuoye le Lecteur à ce qui en a esté dit en la proposition sixiéme.

Mais Cesar la Galla soustient, que toutes ces apparences là peuuent subsister auec vne superficie esgale, poureueu que nous supposions que quelques parties de ce corps sont diaphanes, & les autres opaques. Et si vous luy obiectez que la lumiere qui se por-

te à toute partie diaphane en vne surface egale doit estre par vne ligne
continuë, au lieu qu'icy il paroist
beaucoup de parties claires parmy les
obscures à quelque distance du reste:
il respond, que cela peut prouenir de
quelques conduits & canaux secrets
qui sont dedans son corps, & qui
sont d'vne matiere plus diaphane, lesquels estans couuerts d'vne superficie
opaque, la lumiere passant par iceux,
peut ressortir bien loin de là ; bien
toutefois que les autres parties d'entre
d'eux puissent tousiours demeurer
obscures: Tout ainsi que la fontaine
d'Aretuse en Sicile, qui court vn long
chemin sous terre, & puis en ressort
auec impetuosité. Mais ie replique
que si la superficie d'entre ces deux
parties illuminées demeure tenebreuse à cause de son opacité, elle seroit
donc tousiours obscure, & le Soleil ne
la pourroit pas rendre plus participante de lumiere que de perspecuité.
Mais cela contredit à toute experience, ainsi que le pourrez voir dans Galilée, lequel affirme que lors que le
Soleil

*Idem ibid.
cap. 11.*

Soleil approche plus pres de son opposition , alors ce qui est entre les
deux , est illuminé aussi bien que l'vne
& l'autre. Voire cela combat le tesmoin oculaire de Cesar la Galla, car il
confesse luy mesme qu'il auoit veu la
mesme chose auec cette Lunette. Il
auoit desia dit auparauant, qu'il estoit
allé voir ces choses estranges , descouuertes par le moyen de la lunette
de Galilée, auec intention d'y contredire : & cela mesme se confirme par
la foiblesse de sa responce , laquelle
descouure plustost vne volonté obsti-
née , que persuadée : car autrement
certes il n'eust iamais entrepris de
vouloir destruire des preuues si certaines, par vne fantaisie si desnuée de
fondement.

L'exemple de Galilée eust esté vne
bien meilleure euasion , si cet Au- Syst. mun-
theur en eust eu connoissance ; car di coll. 1.
alors il auroit peu accomparer la Lune à ce que nous appellons nacre de
perle, laquelle bien qu'elle soit exactement polie en sa superficie, si ne laisse
t'elle pas pourtant de paroistre à nos

T

yeux, comme s'il y auoit diuerses bos-
ses & esleuations en ses parties diuerses.   Mais neantmoins cela n'auroit
pas encore bien euité l'experience de
la Lunette. Car ces parties aspres &
raboteuses n'apparoissent pas seulement sur vn costé de la Lune, mais
selon que le Soleil tourne tout autour
en diuers lieux, ainsi poussent elles
aussi leur ombre. Quand la Lune est
en son croissant, alors elles iettent
leur ombre vers l'Orient. Quand elle
est en son decours, & le Soleil de
l'autre costé d'elle, alors pouuons
nous pareillement descouurir ces parties illuminées pousser leur ombre
vers l'Occident. Là où en la pleine
Lune on ne voit rien de tout cela.

Obiection.   Mais on pourra icy obiecter qu'il
est presque impossible, & tout a fait
hors d'apparence qu'il y peust auoir
dans la Lune de si hautes montagnes,
comme ces obseruations les font estre.
Car supposez seulement selon les
principes cōmuns, que le diametre de
la Lune à l'esgard de celuy de la terre,
est presque à la proportion de 2. à 7.

Suppofez encore auec cela que le diamettre de la Terre contienne enuiron
7000. milles Italiques, & celuy de la
Lune 2000. felon qu'on en demeure
generalement d'accord : Or Galilée a
remarqué que quelques parties ont
efté illuminées, lors qu'elles eftoient
la vingtiéme partie du diametre diftantes du commun terme d'illumination. D'où il s'enfuiura neceffairement, qu'il peut y auoir dans la Lune
des montagnes fi hautes, qu'elles font
capables d'eftendre leur ombre iufques à cent milles de là. Opinion qui
fe fent du prodige ou de la fable. Et
partant il eft vray femblable que ces
apparences là font caufées par quelque autre chofe que par des montagnes, ou bien que ces obferuations
foient deffectueufes. D'où s'enfui-
roit des confequences qui ne fe peuuent ny conceuoir ny prouuer.

Mais à cela ie refponds.

1. Qu'il faut confiderer que la hauteur des montagnes n'eft que fort petite, fi nous les comparons à l'eftenduë de leur ombre. Le Cheualier

T ij

Ravvley Anglois obferue en fon Hiftoire, que le Mont Athos, maintenant appellé Lacas, iette vne ombre
de 300. ftades, qui eft plus de 37. milles: & toutesfois cette montagne là
n'eft pas des plus hautes. Voire Solinus (que ie deurois pluftoft croire en
cette affaire) affirme que cette montagne pouffe fon ombre tout au trauers de la Mer, affauoir depuis Mace-
done iufqu'à l'Ifle de Lemnos, qui eft
700. ftades ou 84. milles: & neantmoins felon la fupputation commune, à peine cette montagne là atteint
elle à 4. milles de hauteur perpendiculaire.

2. Ie maintiens que dans la Lune il
y a de tres hautes montagnes. Keppler & Galilée eftiment qu'elles font
plus hautes qu'aucune que nous ayons
fur noftre terre. Mais en cela ie ne
fuis pas de leur opinion, parce que i'e-
ftime qu'ils baftiffent fur vn mauuais
fondement, pendant qu'ils s'imaginent que la plus haute montagne qui
foit fur la terre, n'a pas plus d'vn mille de hauteur perpendiculaire.

Là où au contraire l'opinion commune est, & se trouue assez veritable
par remarque & obseruation, que le
Mont Olympe, l'Atlas, le Taurus &
l'Emus, auec beaucoup d'autres, sont
de bien plus grande hauteur. Le Te-
nariffa és Isles de Canarie, selon le
rapport commun, à plus de 8. milles de
hauteur perpendiculaire : & enuiron
de cette mesme hauteur (selon aucuns) est le Mont Periacaca en Ame-
rique. Le Cheualier Ravvley *a* semble estre d'opinion que la plus haute
de ces Montagnes est de pres de 30.
milles de droite hauteur. Voire Aristote mesme parlant du Caucassus en
Asie, affirme qu'on le descouure de
560. milles ainsi que le trouuent par
computation quelques interpretes:
D'où il s'ensuiura qu'il est de 78. milles de hauteur perpendiculaire, ainsi
que vous le pouuez voir confirmé par
Iacobus Mazonius, & apres luy par
Blancanus Iesuite. Mais ce dernier
s'escarte plus de la verité dans l'excez,
que ne fait l'autre dans le trop peu.
Quoy qu'il en soit, bien que ces mon-

a Hist. lib.
1.c:7.sect.
11.

Meteor.l.
1.c:11.

Compara-
tio Aristot.
cum Plato-
ne Sect. 3.
c.5.Expost.
in loc.
Matth. Ar-
lis loc.148.

tagnes qui font dans la Lune ne foient pas fi hautes que quelques vnes des noftres, fi eft-il certain qu'elles font d'vne grande hauteur, & que mefme quelques-vnes font au moins de quatre milles perpendiculaire. Ce que ie prouueray de l'obferuation qu'en a fait Galilée, dont la Lunette en peut monftrer à nos fens vne preuue hors de toute exception. Et certainement il faut qu'vn homme foit d'vne foy bien timide, qui n'ofe en croire fes propres yeux.

Par le moyen de cette Lunette, vous pouuez clairement difcerner quelques parties illuminées (qui font les montagnes) eftre diftantes de l'autre enuiron la vingtiéme partie du diametre. D'où s'enfuiura neceffairement qu'il faut que ces montagnes là foient pour le moins de quatre milles Italiques de hauteur.

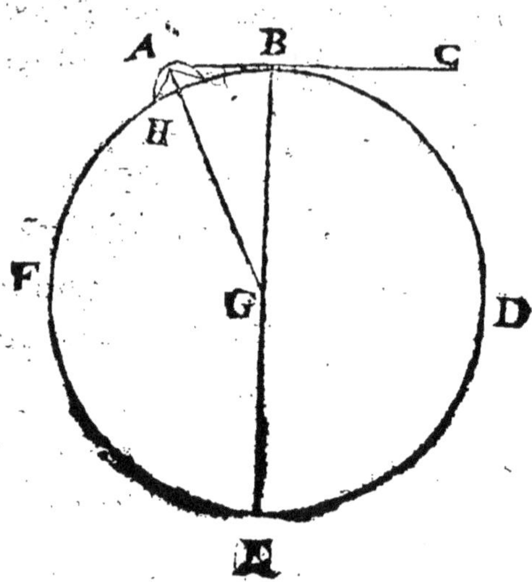

Car, que B D E F foit le corps de la Lune, ABC fera vn rayon du Soleil qui illumine vne Montagne en A, & B eft le poinct de contingence ; la diftance entre A & B fe doit fuppofer eftre la vingtiéme partie du diamettre, qui eft 100. milles, car iufques là il y a des parties illuminées feparées du commun terme d'illumination. Or l'addition du quarré depuis A B cent, & BG 1000. fera 1010000. à quoy le quarré prouenant de A G doit eftre efgal : fuiuant la 47. propofition du premier liure des Elemens d'Euclyde.

Doncques la ligne entiere d'A G eſt
quelque peu plus de 1004. & la diſtance d'entre H A doit eſtre de plus
de quatre milles, qui eſt ce qui falloit
prouuer.

Obiection.   Mais on pourra encore obiecter que
s'il y a là de telles parties raboteuſes,
& de ſi hautes montagnes, pourquoy
ne les pouuons-nous pas diſcerner à
cette diſtance? Pourquoy la Lune
nous paroiſt elle ſi exactement ronde,
& non pas pluſtoſt comme vne rouë
dentelée?

Reſponce.   Ie reſponds, que c'eſt à cauſe du
trop grand eſloignement. Car ſi
tout le corps de la Lune paroiſt ſi petit à nos yeux; ces parties là donc, qui
ont ſi peu de proportion auec leur
tout, ne ſeront point du tout ſenſibles.

Mais on pourra repartir, s'il y auoit
là des montagnes ſi remarquables
cõme vous dites, pourquoy les bords,
de la Lune ne paroiſſent-ils point
comme vne rouë dentelée, à ceux qui
la regardent au trauers de cette grande lunette du teſmoignage de laquelle vous

Ie vous dependez tant ? ou quelle raifon y a-il qu'elle paroiffe auffi exactement ronde au trauers de la lunette,
qu'elle fait fimplement à nos yeux?
certainement donc, où il n'y a rien de
ce que vous vous imaginez, ou bien
cette Lunette là manque beaucoup en
cette defcouuerte.

A quoy ie refpondray auec Galilée:
1. Que vous deuez fçauoir qu'il n'y a
pas fimplement vn feul rang de montagnes autour du bord de la Lune,
mais plufieurs, les vns derriere les autres, & ainfi il y a quelque chofe pour
empefcher ces efpaces vuides, lef-
quels autremét pourroient paroiftre.

Or là où il y a beaucoup de montagnes, la terre paroift efgale à celuy
qui en peut voir le fommet de toùtes.
Ainfi quand la Mer eft orageufe, &
que quantité de prodigieufes vagues
s'efleuent, cependant tout ne laiffe
pas de paroiftre affez vny à celuy qui
eft fur la riue. De mefme là où il y a
tant de montagnes, l'inegalité en fera
moins remarquable fi on les regarde
à quelque diftance.

V

2. Encore qu'il y ait des montagnes
en cette partie de la Lune qui nous
paroiſt en eſtre le bord, auſſi bien
qu'en d'autres lieux : ſi eſt-ce que les
luyſantes vapeurs nous en empeſ-
chent la veuë. Car il y a vn globe d'air
groſſier & vaporeux qui enuironne
immediatement le corps de la Lune,
lequel bien qu'il n'aye pas tant d'opacité que de terminer la veuë, ſi eſt-ce
qu'eſtant vne fois illuminé par le Soleil, il repreſente le corps de la Lune
plus grand qu'il n'eſt, & empeſche noſtre veuë de iuger diſtinctement de ſa
vraye circonference. Mais nous trai-
terons de cecy au chapitre ſuiuant.

3. Keppler a obſerué és Eclipſes de
Soleil, que lors que ſes rayós peuuent
penetrer cet air vaporeux, l'on peut
diſcerner quelques gibboſitez dans le
bord de la Lune.

l'ay maintenant prouué ſuffiſamment que dans la Lune il y a des montagnes, & de là il eſt fort probable
qu'il y ait auſſi vn monde. Car puis
que la Prouidence à quelque but &
fin ſpeciale en tous ſes ouurages : cer-

Somn.
Aſtr. not.
297.

tainement donc ces montagnes n'y
ont pas esté produites en vain. Et
quelle intention plus vray semblable
nous pourrions nous imaginer en elle, sinon de rendre ce lieu là propre
pour l'habitation?

PROPOSITION X.

Qu'il y a vn Atmo-Sphere ou globe d'air
vaporeux & grossier, qui enuironne
immediatement le corps de la Lune.

Omme cette partie de l'air
qui auoisine nostre terre est
d'vne plus espaisse substance
que n'est pas l'autre, à cause qu'il est
tousiours meslé de quelques vapeurs
qui s'y exalent continuellement: Ainsi
est-il esgalement requis que s'il y a vn
monde dans la Lune, l'air qui l'enuironne, soit aussi de pareille nature que
le nostre. Or qu'il y ait là vn tel globe d'air grossier & vaporeux, c'est ce
qui a esté remarqué tout premiere-

V ij

ment (à ce que ie puis apprendre)
par Meſtlin, & en ſuite recognu par
Keppler & Galilée, & depuis par Ciſatus, Scheiner & autres, le confir-
mans tous par les meſmes argumens
que ie citeray ſeulement, pour la clo-
ſture de cette propoſition.

Vide Euſeb
Nicrem-
berg de
Nat. Hiſt.
lib. 2. ca. 11.

1. Ce n'eſt pas ſans apparence de
verité qu'il y ait vn globe d'air groſſier autour de la Lune : parce que l'on
remarque qu'il y a de telles ſortes d'e-
uaporations qui procedent du Soleil
meſme. Car on y deſcouure diuerſes
taches mobiles, ſemblables à des nuages, qui enuironnent ſon corps : que
les Autheurs les mieux verſez en ces
ſortes d'experiences & de recherches,
concluent n'eſtre autre choſe que des
euaparations qui en ſortent. La verité de ces obſeruations ſe peut auſſi inferer de quelques autres apparences.
Comme :

Ainſi en
l'an 1547.
depuis le 24
Aouſt iuſ-
que au 28.

1. On a remarqué que le Soleil a
quelques fois apparu quatre iours entiers auſſi ſombre & auſſi rougeaſtre
preſque que la Lune dans ſes Eclipſes:
iuſques là que les Eſtoilles ont eſté

veuës en plein midy. Voire mesme il
s'est veu obscurci par l'espace de pres
d'vn an entier sans iamais luire que
par vne espece de lumiere pesante &
sombre, tellement qu'à grand peine y
eut-il assez de chaleur pour meurir les
fruits de la Terre : Comme il aduint
au temps que Cesar fut assassiné. Ce
qui a esté noté par quelques vns des
Poëtes. Ainsi Virgile parlant du Soleil, dit :

A la mort de Cesar il eut pitié de Rome, Virg.
Geor. lib. I.
Quand il prit le grand dueil pour plaindre
   ce grand homme.
Et voilant tristement son œil qui plus ne
   luit,
Il fit craindre aux humains vne eternelle
   nuit.

Ouide pareillement parlant de sa Metamor.
lib. 15.
mort, dit :

Le Soleil sans clarté esclairoit sombre-
   ment
Les mortels demy-morts d'vn iuste eston-
   nement.

Or ces apparences là ne pouuoient
pas prouenir d'aucune plus basse vapeur. Car premierement, elles n'eus-

sent pas esté si vniuerselles comme elles furent , estans veuës par toute
l'Europe : ou bien, en second lieu,
il eust fallu que cette vapeur là eust
couuert les Estoilles aussi bien que le
Soleil , lesquelles neantmoins furent
alors clairement descouuertes en
plein iour. Vous pouuez voir encore
cet argument illustre & esclairci en vn
autre cas pareil, dans le chapitre dou-
ziéme. De là donc il s'ensuiura qu'il
falloit que cette matiere fuligineuse
qui alors obscurcissoit ainsi le Soleil,
fust bien proche de son corps : & cela
estant, que pouuons-nous donc plus
vray semblablement coniecturer ce
qu'elle pouuoit estre, sinon des euaporations du Soleil?

2. On obserue qu'és Eclipses totales du Soleil, lors qu'on ne peut apperceuoir aucune partie de son corps;
il ne s'ensuit pourtant pas toufiours
vne si grande obscurité, comme l'on
pourroit attendre de son absence totale. Or il y a apparence que la raison de cela est, pource que ces plus espesses vapeurs, estans illuminées de ses

rayons, nous portent quelque lumiere, nonobstant l'interpofition de la
Lune entre fon corps & noftre terre.

3. C'eft auffi ce que quelques-vns
s'imaginent eftre la raifon du crepufcule ou lumiere que nous auons vn
peu auant que le Soleil fe leue.

Or s'il y a de telles euaporations du
Soleil, beaucoup plus donc y en aura
il de la Lune, qui eft d'vne plus groffiere & plus impure fubftance. Les
autres argumens fe prennent de diuerfes obferuations en la Lune mefme, & tendent plus directement à la
preuue de cette propofition.

2. C'eft vne chofe que l'on remarque, qu'autant qu'il y a de la Lune d'illuminé, fait toufiours partie d'vn plus
grand cercle que ce qui eft plus tenebreux. L'experience frequente de
plufieurs a prouué cecy manifefte-
ment, & vne facile & legere obferuation le pourra aifément confirmer. Or
cela ne peut proceder d'autre caufe
plus vray femblable que de ce cercle
ou globe d'air : principalement fi nous
confiderons comment cette Planette

là, luisant d'vne lumiere empruntée, n'enuoye & ne pousse point de rayõs capables de la pouuoir faire paroistre plus grande que n'est son corps.

3. Lors que la Lune estant à demy illuminée commence à couurir quelque Estoille : si l'Estoille est vers la partie plus tenebreuse, alors la pourra-on discerner auec la Lunette estre plus proche du centre de la Lune, que la circonference exterieure de la partie illuminée. Mais la Lune estant en son plein, alors elle semble receuoir ces estoilles dans son bord.

4. Bien que la Lune apparoisse quelquesfois dés le premier iour de la nouuelle Lune, lors qu'autant qu'il en paroist d'illuminé ne peut pas estre plus de la 80. partie de son diamettre : si est-ce qu'alors les cornes d'icelle sembleront au moins estre d'vn poulce de largeur en estenduë. Ce qui ne pourroit pas estre si l'air d'alentour d'elle n'estoit illuminé.

5. L'on remarque és Eclipses de Soleil, qu'il se fait quelquesfois vn grand tremblement autour du corps
de la

de la Lune, d'où nous pouuons semblablement conclurre qu'il y a là vn
Atmosphere, puis que nous ne pouuons pas bien conceuoir quelle cause
si probable il y auroit d'vne telle apparence que celle-cy , sinon que les
rayons du Soleil sont entrecoupez par
les vapeurs qui enuironnent & enue-
loppent la Lune.

6. Ie puis adiouster vn pareil argument, pris d'vne autre obseruation qui
sera aisée à esprouuer & à conceder.
Lors que le Soleil est eclipsé, nous dis-
cernons la Lune comme elle est en sa
vraye grandeur naturelle ; mais alors
elle apparoist quelque peu moindre
que quand elle est en sa pleineur, bien
qu'elle soit au mesme lieu de son supposé excentrique & epicycle ; & c'est
pourquoy Tycho a calculé vne table
pour le diamettre des diuerses nouuelles Lunes. Or il n'y a point de raison si vray semblable pour sauuer cette
apparence , que de placer vn globe
d'air espais aupres du corps de cette
Planette, qui puisse estre illuminé par
les rayons refléchis , & au trauers du

Scheiner.
Rof. vrsina
l.4. par. 2.
cap. 27.
Quod ra-
dij Solares
à vapori-
bus Lunam
ambienti-
bus fuerint
intercisi.

X

quel les rayons droits puiſſent aiſément penetrer.

Mais on pourra icy obiecter, que
cela ne s'accorde pas auec ce que i'ay
declaré cy deſſus, où i'ay dit que les
parties les moins eſpeſſes auoient le
moins de clarté. Car ſi cela eſtoit vray,
d'où vient donc que cet air ſeroit auſſi clair & lumineux qu'aucune des autres parties, veu qu'il eſt le plus ſubtil
de toutes?

Ie reſponds, que ſi la lumiere eſt
receuë par reflexion ſeulement, alors
le corps le plus eſpais en a le plus,
parce qu'il eſt plus capable de refleſ-
chir les rayons. Mais ſi la lumiere eſt
receuë par illumation (ſur tout s'il y
a vn corps opaque derriere qui puiſſe
doubler & multiplier les rayons par
reflexion) comme elle eſt icy ; en ce
cas là ie ne nie pas qu'vn corps rare ne
puiſſe retenir beaucoup de lumiere;
& peut eſtre que quelques-vnes de ces
apparences que nous prenons pour
des comettes enflammées, ne ſont rien
autre choſe que des nuées claires, qui
ſont illuminées. De ſorte qu'il y a bien

de l'apparence, qu'il peut y auoir vn
tel air au dehors de la Lune : & de là
vient que les plus grandes taches ne
font visibles que vers ses parties du
milieu seulement, & non pas aupres de
la circonference. Non pas qu'il n'y en
ait aussi bien en ces parties là qu'ailleurs, mais on ne les y peut pas apperceuoir, à cause de ces plus claires vapeurs qui les cachent.

PROPOSITION XI.

*Que comme ce Monde là est nostre Lune,
qu'ainsi nostre Monde est la Lune
de ce Monde là.*

Yant desia traicté de la premiere chose que i'auois promise, suiuant la Methode
dont vse Aristote en son liure du Monde, & vous ayant monstré les parties
necessaires, qui appartiennent à ce
Monde dans la Lune : Il est requis en
second lieu que ie passe outre aux

X ij

choſes qui lui ſont extrinſeques, comme les Saiſons, les Meteores, & les
Habitans.

1. Des ſaiſons.

S'il y a vn tel monde dans la Lune,
il eſt requis que ſes Saiſons ayent quelque rapport aux noſtres, & que l'on
ait en ce monde là l'Hyuer & l'Eſté,
la nuict & le iour comme nous auons
icy.

De gen. Animal.li. 4. 12.

Or qu'en cette Planette là il y ait
quelque ſimilitude de l'Hyuer & de
l'Eſté, Ariſtote meſme l'affirme, puis
qu'il y a vn Hemiſphere qui a touſ-
jours la chaleur & la lumiere, & l'autre l'obſcurité & la froidure. Il eſt
vray que leurs iours & leurs années
ſont touſiours d'vne meſme longueur, (ſi ce n'eſt que nous faſſions
vne de leurs années eſtre dixneuf des
noſtres, dans lequel eſpace de temps
toutes les Eſtoilles ſe leuent ſelon ce
meſme ordre.) Mais il en eſt icy de
meſme ſous les Poles, & partant cette
grande difference n'eſt pas ſuffiſante
pour le rendre entierement diſſemblable au noſtre, & meſme ne nous

Nombre d'Or.

deuons-nous pas attendre que chaque
chofe y doiue eftre de la mefme façon qu'elle eft icy bas, comme fi la
Nature n'auoit qu'vn feul moyen
pour effectuer fes deffeins. Il n'y a
donc point de raifon de croire qu'il
foit neceffaire que ces deux Mondes
foient entierement femblables, mais
il doit fuffire qu'ils correfpondent en
quelque chofe feulement. Mais quoy
qu'il en foit, l'on pourra peut eftre demander : fçauoir fi cela fembleroit
point repugner à la fageffe de la Prouidence d'auoir fait en ce pays là la
nuict d'vne fi grãde longueur, y ayant
vn fi long temps mal conuenable pour
trauailler. A quoy ie refponds que
non, puis qu'il en eft icy de mefme
fous les Poles. Et d'ailleurs, la longueur generale de leur nuict eft en
quelque façon moderée par la grandeur de leur Lune qui eft noftre terre.
Car celle-cy renuoye à cette Planette là vne auffi grande clarté qu'elle en
reçoit d'elle. Mais pour meilleure
preuue de cecy, premierement i'af-
franchiray le chemin de toutes les

opinions, qui autrement y pourroient faire obſtacle & en empeſcher le progrez, en y reſpondant à toutes.

Plutarque, l'vn des principaux Partiſans de ce monde dans la Lune, contredit directement cette opinion : affirmant que ceux qui y habitent, peuuent contempler noſtre terre côme la lie & la vaſe de toutes les autres creatures, leur apparoiſſant au trauers des nuées & des broüillards eſpais, petit lieu, bas & abiet, & immobile, ſans clarté ny lumiere quelconque : tellement qu'ils pourroient fort bien s'imaginer que le lieu tenebreux des damnez ſeroit ſitué icy, & qu'eux ſeuls ſeroient les habitans du Monde, comme eſtans placez au milieu, entre le Ciel & l'Enfer.

A cela ie puis reſpondre qu'il y a grande apparence qu'en cecy, Plutarque a parlé inconſiderément & ſans raiſon; ce qui le fait pareillement tomber dans vne autre abſurdité, quand il dit que noſtre terre leur paroiſtroit immobile; au lieu que ſans doute elle leur ſembleroit ſe mouuoir, encore

qu'elle ne le fift pas, & la leur ne bou-
ger d'vne place, ainfi que fait la terre
à vn homme qui eft dans vn bafteau,
felon le dire du Poëte:

A mefure que nos vaiffeaux
Quittent le port & nous emmenent,
Vous diriez qu'à nos yeux les villes fe
promenent,
Et que la Terre fuit plus vifte que les
eaux.

Et ie ne doute point que cet ingenu
Autheur ne fe fuft aifément retracté,
s'il euft fceu les experiences qu'on a
defcouuertes en ces derniers temps
pour la confirmation de cette verité.

2. Auec luy s'accorde auffi Macrobius, duquel voicy les paroles. *La ter-*
re deuient feulement lumineufe par la
clarté du Soleil, mais elle n'eft pas capa-
ble de redonner de la lumiere. Et fa raifon eft, parce que la terre eftant d'vne
matiere efpeffe & groffiere, la lumiere fe termine en fa fuperficie, & ne
peut pas penetrer dans la fubftance:
au lieu que la Lune nous paroift ainfi
claire & lumineufe, parce qu'elle reçoit les rayons au dedans de foy.

Proüchi=
mur portû
terræque
vrbefque
recedunt.

Somn.Scip.
l. 1. c. 19.
Terra acce
pto Solis
lumine
clarefcit
tantum-
modò, non
relucet.

Mais la foiblesse de cette assertion se peut aisément descouurir par l'experience commune : car de l'acier poli, dont l'opacité ne donne aucune entrée aux rayons, refleschit vne plus forte chaleur que le verre, & ainsi par consequent vne plus grande clarté.

3. On obiecte que le consentement general des Philosophes est, que la reflexion des rayons du Soleil qui se fait de la terre, n'atteint pas beaucoup plus haut qu'vn demy mille, où ils terminent la premiere region. De sorte que d'affirmer que ces rayons, pourroient s'esleuer iusqu'à la Lune, seroit dire qu'il n'y auroit qu'vne region de l'air : ce qui est contraire à l'opinion approuuée & receuë.

A cela ie puis respondre :

Qu'à la verité le consentement general est, que la reflexion des rayons du Soleil, n'atteint que iusqu'à la seconde region : mais neantmoins il y a des Philosophes fort renommez qui font d'autre sentiment. Ainsi Plotinus est cité par Cœlius Rhodiginus.

a Supposé (dit-il) que l'on fust en quelque lieu

lieu fort esleué de l'Vniuers, duquel on peust voir la terre enuironnée d'eau & esclairée des rayons du Soleil & des Estoilles, elle apparoistroit sans doute tout à fait semblable au globe de la Lune que nous voyōs. Ainsi a Paulus Foscarinus: *La terre n'est autre chose qu'vne autre Lune ou Estoille, qui nous paroistroit telle, si nous la regardions d'vne distance conuenable, en laquelle on pourroit remarquer la mesme diuersité d'aspects que nous voyons en la Lune.* Ainsi b Carolus Malapertius, dontvoicy les paroles. *Si nous estions dans la Lune, la terre nous paroistroit resplendissante comme vne des plus considerables Planettes.* Auec ceux-cy s'accorde c Fromondus, quand il dit: *Ie croy certainement que si quelqu'vn'estoit dans le globe de la Lune, qu'il verroit la terre & l'eau illuminée des rayons du Soleil, tout à fait semblable à vne grande Planette.* Or cela ne pourroit estre, & elle ne pourroit resplendir si sensiblement, si les rayons de lumiere n'en estoient refléchis. Et partant ce mesme Fromondus tient expressément, que là se termine

quopiam mundi loco, vnde oculis subiiciatur terræ moles aquis circumfusa, & Solis Syderumque radiis illustrata, non aliam profecto vitam iri probabile est, quam qualis modo visatur Lunaris globe species.

a In Epist. ad Sebast. Fantonum. Terra nihil aliud est quàm altera Luna, vel Stella, talisque nobis appareret, si ex conuenicanti elongatione eminus conspiceretur, in ipsaque ob-

feruari pof-
fent cæ-
dem afpe-
ctuum va-
rietates,
quæ in Lu-
na appa-
rent.
b Præfat.ad
Auftriaca
Syd.
Terra hæc
noftra, fi in
Luna con-
ftituti effe-
mus, fplen-
dida pror-
fus quafi
non igno-
bilis plane-
ta, nobis
appareret.
c Meteor.l.
1.c.2.art.2.
Credo e-
quidem
quod fi
oculus
quifpiam
in orbe
lunari fo-
ret,globum
terræ &
aquæ in-
ftar ingen-
tis fyderis
à fole illu-
ftrem con-
fpiceret.

la premiere region de l'air, où la chaleur caufée par la reflexion commence à defaillir &perdre fa force,au lieu
que les rayons mefmes paffent beaucoup plus auãt. Le principal argumẽt
qui manifefte plus clairement cette
verité, fe prend d'vne obferuation
commune, & fort aifée à efprouuer.

Si vous contemplez la Lune vn peu
auparauant ou apres la conjonction,
quand elle eft en fextile afpect auec le
Soleil,vous pourrez difcerner nõ feu-
lemẽt la partie qui eft illuminée,mais
auffi le refte qui eft tenebreux, auoir
en foy vne efpece de lumiere noire
& plombée : mais fi vous faites choix
d'vne fituation où quelque maifon ou
cheminée (eftant à feptante ou quatre
vingt pas de diftance de vous) puiffe
cacher de voftre veuë les cornes illuminées de laLune,alors pourrez-vous
difcerner vne plus grande & plus remarquable lueur en ces parties où les
rayons du Soleil ne peuuent atteindre:
voire il y a là vne fi grande lumiere,
qu'auec l'ayde d'vne bonne lunette
d'approche , vous pourrez difcerner

ses tasches. Iusques là que ᵃBlancanus Iesuite en parle en ces termes : *Cette experience (dit-il) m'a si fort trompé autrefois, que rencontrant par hazard cette extraordinaire splendeur, ie creu voir par vne espece de miracle nouueau, la Lune dans son plein, lors qu'elle estoit dans son croissant.*

Or cette lumiere là n'est point sienne, & ne procede point des rayons du Soleil qui penetrent son corps, ny n'est causée par aucune autre des Planettes & Estoilles. Doncques, il s'ensuit necessairement qu'elle vienne de la terre. Pour les deux premieres choses, ie les ay des-ja prouuées; & quant à la derniere, ᵇCælius Rhodiginus l'affirme confidemment quand il dit: *Si quelqu'vn demande si les autres Planettes communiquent quelque lumiere à la Lune, Ie luy respondray asseurément que non.* Il est vray que ᶜTycho-Brahé examinant la raison de cette lumiere, il l'attribuë à la Planette *Venus*; & ie demeure d'accord que celle-ci peut porter quelque lumiere à la Lune : mais qu'elle n'est point la cause de ce dont

Y ij

---

a De mūdi fab. p 3. c. 4. Hæc experientia ita me aliquādo fefellit, vt in hunc fulgorem casu ac repente incidens, existimarim nouo quodam miraculo tempore adolescentis Lunæ factum esse plenilunium.

b Ant. lect l. 20. c. 5. Quod si in disquisitionem euocet quis, an lunari syderi lucem fœnerent planetæ item alij, asseueranter astruendum non fœnerare.

c Progym. x

nous diſcourons maintenant, eſt aſſez clair de ſoy-meſme, parce que *Ve-*
nus eſt quelquesfois au deſſus de la Lune, pendant lequel temps elle ne peut
porter aucune lumiere à cette partie
là qui eſt de l'autre coſté d'elle.

Cette lumiere là ne prouient point
non plus des Eſtoilles fixes: car elle retiendroit donc touſiours cette meſme
clarté és eclipſes, au lieu que la lumiere en telles occaſions eſt plus rougeaſtre & plus ſombre. Alors auſſi la lumiere de la Lune n'augmenteroit ny
ne diminueroit ſelon ſa diſtance du
bord de l'ombre de la terre, puis qu'en
tous temps elle ſeroit participante de
cette lumiere des Eſtoilles.

Bref, cette lumiere là n'eſt ny propre à la Lune, ny ne procede d'aucune
penetration des rayons du Soleil, ny
de la lumiere de *Venus*, ny des autres
Planettes, ny des Eſtoilles fixes. Or
d'autant qu'en tout l'Vniuers il n'y a
point d'autre corps ſinon la terre; il
s'enſuit qu'il faut neceſſairement que
cette lumiere là ſoit cauſée par la terre, laquelle par vne iuſte recon-

noiſſance retribuë à la Lune, autant d'illumination qu'elle en reçoit d'elle.

Et comme deux amis intimes participent eſgalement à la joye & à la triſteſſe l'vn de l'autre; ainſi ces deux cy participent mutuellement à vne meſme lumiere du Soleil, & aux meſmes tenebres des Eclipſes, ſe ſecourans & s'aſſiſtans l'vne l'autre tour à tour en leur plus grand beſoin. Car quand laLune eſt en conjonction auec le Soleil, & que ſa partie ſuperieure reçoit toute la lumiere; alors ſon Hemiſphere inferieur (qui autrement ſeroit entierement tenebreux) eſt illuminé par la reflexion des rayons du Soleil, que la terre luy renuoye. Et quand ces deux Planettes là ſont en oppoſition, alors cette partie de la terre qui ne pouuoit receuoir aucune lumiere des rayons du Soleil, eſt plus eſclairée de laLune, eſtant alors en ſon plein: & comme la Lune illumine plus la terre lors que les rayons du Soleil ne le peuuent faire, ainſi la terre non ingrate renuoye à la Lune vne auſſi

grande (voire plus grande) lumiere,
lors qu'elle en manque le plus: de sorte
que cette partie visible de la Lune qui
ne reçoit rien du Soleil, est tousiours
illuminée par la terre, ainsi que Galilée le prouue par plusieurs autres argumens , dans son Traicté intitulé
Systema Mundi. Il est bien vray que
quand la Lune vient à estre en quar-
tile, on ne sçauroit ny discerner cette
lumiere, ny encore la partie plus tenebreuse de son corps, & ce pour ces
deux raisons.

1. Parce que plus elle approche de
sa pleineur , moins reçoit-elle de lumiere de la terre , dont l'illumination
decroist tousiours, à mesme proportion que la Lune croist.

2. A cause de l'excez ou plus grand
esclat de lumiere és autres parties.
D'autât que le milieu illuminé reçoit
l'espece plus puissante & plus forte:
car la plus claire splendeur enueloppe
& confond la moindre, estant des especes de la veuë comme de celles du
son ; & comme le plus grand bruit
fait perdre le moindre , ainsi l'objet

Scalig.
exerc 62.
Quippe il-
lustratum
medium
speciem
recipit va-
lentiorem.

plus brillant cache celuy qui est plus obscur. Mais comme en leurs vicissitudes mutuelles, elles participent toûjours de la lumiere l'vne de l'autre: de mesme participent-elles aux mesmes deffauts & obscurcissemens. Car quãd nostre Lune est eclipsée, leur Soleil est obscurci; & quand nostre Soleil est eclipsé, leur Lune est priuée de sa lumiere, ainsi que *a* Mestlin l'affirme en ces mots : *Si nous pouuions voir la terre de quelque lieu esleué, comme nous voyons de loin la Lune en son defaut, nous verrions au temps de l'eclipse du Soleil, vne partie de la terre sans lumiere, comme la Lune est dans la sienne.* Car comme nostre Lune s'eclipse par l'interposition de nostre terre, ainsi s'eclipse leur Lune par l'interposition de leur terre. La maniere de cette illumination mutuelle entre ces deux, se peut voir clairement en la figure suiuante.

a Epist. Astron. l. 4. par. 2. Quod si terram nobis ex alto liceret intueri, quemadmodum deficiente Lunam ex longinquo spectare possumus, videremus tempore eclipsis Solis terræ aliquem partem lumine Solis deficere, eodem planè modo sicut ex opposito Luna deficit.

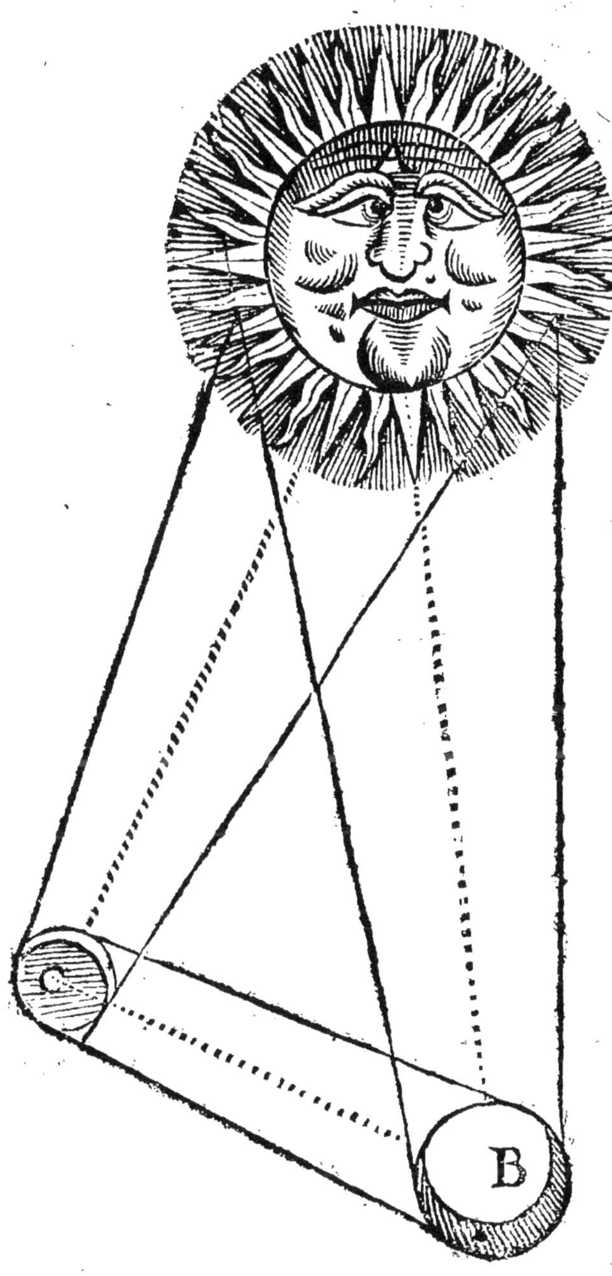

Où A

Où A repreſente le Soleil , B la
Terre, & C la Lune. Or ſuppoſez que
la Lune C ſoit en ſextile de croiſſan-
ce , lors qu'il n'y a ſeulement qu'vne
petite partie de ſon corps illuminé; la
terre B alors aura vne ſemblable partie de ſon Hemiſphere viſible obſcur-
cie , proportionnelle à cette partie là
de la Lune qui eſt eſclairée ; & quant
au reſte du corps de la Lune , où les
rayons du Soleil ne peuuent atteindre , il reçoit lumiere d'vne partie
proportionnelle de la terre qui luit
deſſus, ainſi que vous le pouuez voir
clairement par la figure.

Vous voyez donc l'accord & ſimilitude qu'il y a entre noſtre terre & la
Lune. Or la plus grande difference
qui les rend diſſemblables , c'eſt que
la Lune eſclaire noſtre terre tout à
l'entour, au lieu que noſtre terre n'eſclaire que cét hemiſphere de la Lune
qui nous eſt viſible , ainſi qu'il ſe peut
certainement recueillir de cette con-
ſtante apparence des meſmes taches
que nous y voyons; ce qui ne pourroit
pas arriuer ſi la Lune auoit vn tel mou-

Z

uement iournalier autour de son es-
sieu, comme a, peut estre, nostre terre.
Et combien que quelques-vns la sup-
posent se mouuoir dans vn epicycle, si
est-ce que cela ne tourne pas só corps
en telle sorte que nous puissions voir
tous les deux hemispheres: car seló ce-
ste hypothese, disent-ils, le mouuemét
de son excentrique tourne sa face vers
nous, autát que l'autre l'en destourne.

Mais si quelqu'vn demande, que
font ceux qui habitent en la partie su-
perieure de son corps pour auoir vne
Lune qui leur esclaire? Ie responds,
que la solution de cecy est la plus in-
certaine & la plus difficile chose que
ie sçache concernant toute cette matiere. Mais neantmoins à moy, cette
conjecture me semble assez vray semblable, assauoir.

Que l'hemisphere superieur de la
Lune, reçoit vne suffisante clarté des
Planettes d'autour d'elle ; & entré
celles-ci, Venus peut estre luy eslargit vne plus particuliere splendeur,
puis que Galilée a clairement obserué
qu'elle souffre les mesmes accroisse-

mens & defcroiffemens que fait la Lune, & eſt croyable que cela peut eſtre
apperceu par ces habitans là, ſans l'aide de la Lunette, parce qu'ils en ſont
beaucoup plus pres que nous. Lors
que Venus, dit Keppler, ſe couche en
ſon perigée ou plus baſſe partie de ſon
ſuppoſé Epicycle, alors eſt-elle en conjonction auec le Soleil ſon eſpoux, duquel apres s'eſtre departie par l'eſpace
de dix mois, elle deuient *pleвum vte-*
rum, & eſt en ſon plein.

Mais vous repliquerez icy, qu'encore que Venus eſlargiſſe quelque lumiere quand elle eſt au deſſus de la Lune
& en conjonction ; ſi eſt-ce qu'eſtant
en oppoſition, elle ne leur eſt pas viſible, & que feront-ils donc pour auoir
de la lumiere?

Ie reſpons que pour lors ils n'en ont
point, & que meſmes cela ne fait pas
vne difference ſi grāde entre ces deux
hemiſpheres là, qu'il y en a icy parmy nous, és lieux qui ſont ſous les Po-
es, & ſous la ligne. Et d'ailleurs il
faut conſiderer qu'il eſt de deux ſor-
es de Planettes.

Z ij

1. Premieres ou principales, dont les propres cercles enuironnent le corps du Soleil, desquelles il y en a six ; assauoir, Saturne, Iupiter, Mars, Ceres, ou la Terre, Venus & Mercure : comme vous le voyez au frontispice de ce liure.

2. Secondes ou moindres Planettes, dont les propres cercles ne sont point autour du Soleil, mais seulement autour de quelqu'vne des autres principales & plus excellentes Planettes. Ainsi y en a-ildeux autour de Saturne, quatre autour de Iupiter, & ainsi pareillement la Lune entoure nostre terre. Or il est croyable que ces moindres Planettes ne sont pas si biē pourueuës de toutes choses requises & conuenables pour la demeure ou habitation, comme sont les autres principales.

Mais ce semblera estre vne chose tres-difficile à conceuoir, comment vn corps si grossier & si obscur comme est nostre terre, pourroit rendre ou renuoyer vne lumiere aussi claire que celle qui procede de la Lune : & partant le Cardinal Cusanus (qui croid que

De doct. ign. l. 2. c. 12.

chaque estoille est vn monde particulier) est d'opinion que la lumiere du
Soleil n'est point capable de les faire
apparoistre si brillātes, mais que la raison de leur lueur est, pource que nous
les contemplons à vne grande distance au trauers de leurs regions du feu,
lequel donne vn lustre brillant à ces
corps là, qui d'eux-mesmes sont opa-
„ ques.   Tellement que si quelqu'vn
„ estoit au dessus de la region du feu,
„ cette terre luy apparoistroit au tra-
„ uers comme vne estoille brillante.
Mais si c'en estoit là la seule raison, la
Lune seroit donc exempte des accrois-
semens & decroissemens, à quoy elle
est maintenant sujette.

Keppler estime que nostre terre reçoit du Soleil, la lumiere par laquelle
elle reluit, mais cette lumiere (dit-il)
ne s'entēd pas d'vne aussi claire splendeur que celle dōt est capable la Lune,
& pour cette cause il s'imagine que la
terre de ce monde-là est d'vn terroir
plus croyeux, comme est l'isle de Cre-
te, & par consequent plus capable de
refléchir vne plus forte clarté, au lieu

Vnde si
quis esset
extra re-
gionem
ignis, terra
ista circon-
ferentia
suæ regio-
nis per me-
dium ignis
lucida stel-
la appare-
ret.

qu'il faut que noſtre terre ſupplée à cette intention par la quantité de ſon corps. Mais cette conjecture me ſemble tres vaine, veu que noſtre terre, ſi toutes choſes eſtoient bien côſiderées, ſe trouuera eſtre aſſez capable de refléchir vne auſſi grande clarté. Car:

1. Conſiderez ſon opacité. Si vous remarquez ces choſes ſublunaires, vous apperceurez qu'entre-elles, celles qui ſont plus tranſparentes ne ſont pas ſi capables de reuerberer les rayôs du Soleil que les corps plus denſes & plus eſpais. Les rayons ne font que paſſer ſimplement au trauers d'vne matiere diaphane, mais en vne ſubſtance opaque ils ſe doublent en leur retour, & ſe multiplient par reflexion. Or ſi la Lune & les autres Planettes peuuent luire ſi clairement en reflechiſſant les rayons du Soleil ; pourquoy la terre ne pourra-t'elle pas luire auſſi bien, puis qu'elle s'accorde auec elles en la cauſe de cette clarté & ſplendeur, aſſauoir leur opacité?

2. Conſiderez quelle eſclatante lumiere on void refléchir de la terre au

beau milieu de l'Esté; & côceuez auec
cela combien doit estre plus grande
celle qui est sous la ligne, où les rayós
sont reuerberez plus à plomb & plus
fortement.

3. Est considerable qu'encore que la
Lune pendant la nuict semble estre
d'vne si claire splendeur ; si est-ce que
quand nous la regardons de iour, elle
paroist comme vne petite nuée blan-
chastre ; non pas qu'elle ne soit en elle
mesme en l'vn & en l'autre temps d'v-
ne esgale lumiere : Mais la raison de
cette difference est, parce que de nuict
nous la regardós au trauersd'vn milieu
sombre & tenebreux, n'y ayant aucun
autre corps illuminé, dont la splendeur en puisse rien rabattre ou diminuer : au lieu que de iour tous les
cieux d'alentour d'elle sont d'vne esgale clarté , & ainsi la font paroistre
d'vne plus foible lumiere. Or d'autant
que nous ne pouuons pas voir comment les parties illuminées de nostre
terre paroissent de nuict ; c'est pourquoy en la comparant auec la Lune,il
ne nous la faut pas considerer comme

elle fe voit par l'aduantage d'vn mi-
lieur obfcur, mais comme elle paroift
de iour. Or en vn iour de Soleil clair
& luifant, noftre terre femble auffi lumineufe que la Lune, laquelle en mefme temps paroift comme vne nuée
brune , ainfi que la moindre obferuation le peut aifément manifefter.
Dócques on ne doit point doûter que
la terre ne foit auffi capable de donner de la lumiere que laLune. A quoy
l'on peut adjoufter que ces nuées mefmes, qui de iour femblent efgaler la
clarté de la Lune , deuiennent au foir
auffi fombres que noftre terre. Et
quant à celles que l'on contemple à
quelque grande diftance, on fe trom-
pe le plus fouuent , & les prend-on
pour des montagnes.

4. Eft confiderable que bien que la
Lune paroiffe de nuiét d'vne fi grande
fplendeur,à caufe de fa proximité aux
diuerfes ombres qu'elle jette ; fi eft elle pourtant d'elle-mefme plus foible
que cette partie du crepufcule que
nous auons ordinairement pour de-
mie heure de temps apres le coucher
du Soleil

du Soleil, pource que iufques apres ce temps là, nous ne pouuons pas difcerner qu'elle faffe aucune ombre.

5. Confiderez la grande diftance, d'où nous contemplons les Planettes: car cela neceffairement doit adjoufter beaucoup à leur fplendeur. Et partant le Cardinal Cufanus au lieu cité cy-deffus, eftime que fi vn homme eftoit dans le Soleil, cette Planette là ne luy apparoiftroit pas fi lumineufe qu'elle le nous paroift maintenant, parce qu'alors fes yeux n'en apperceuroient que bien peu, au lieu qu'icy nous pouuons comprendre les rayōs ainfi qu'ils font ramaffez en vn corps eftroit. Keppler contemplant la terre de deffus vne haute montagne, lors qu'elle eftoit illuminée par le Soleil, confeffe qu'elle luy apparut d'vne fplendeur incroyable, bien qu'alors il n'en pouuoit voir que quelques petites parties feulement : mais combien luy auroit-elle femblé plus refplendiffante, s'il euft peu en droite ligne contempler tout le globe de la terre, & tous ces rayons ramaffez enfemble ? De forte que fi

A a

nous côfiderons cette grande lumiere
que la terre reçoit du Soleil en Efté, &
que nous nous fuppofaffions en fuite
eftre dans la Lune, d'où nous peuffions
voir toute la terre fufpenduë dans ces
vaftes & prodigieufes efpaces là, où
rien ne termine la veuë que ces rayons ramaffez en vn petit circuit;
fi di-je nous confiderons bien cecy,
nous pourrons conceuoir aisément
que noftre terre paroift auffi lumineufe à ces habitans de la Lune, que la leur
le nous paroift à nous.

Mais on pourra icy objecter qu'icy
bas, par diuers iours de l'année, le Ciel
eft fi couuert de nuages, que nous ne
fçaurions du tout voir le Soleil, & que
le plus fouuent és plus beaux & plus
clairs iours il fe trouue beaucoup de
nuées efparfes qui ombragent noftre
terre en diuers lieux : tellement qu'en
ce regard il faut qu'elle differe de la
Lune, & ne puiffe pas rendre vne fi
claire & fi conftante lumiere qu'elle
en reçoit de cette Planette là.

A cela ie refponds:

1. Que quant à ces plus petites nuées

claires, qui pour la plufpart font ef-
panduës çà & là dans nos plus beaux
& plus clairs iours, noftre terre n'en
doit pas pour cela paroiftre plus fombre, parce que ces nuées là eftans proches de la terre, & par confequent ne
fe pouuant pas diftinguer à vn fi grand
efloignement comme eft la Lune : &
auec cela eftans illuminées par derriere, du Soleil qui luit deffus, elles doiuent paroiftre auffi claires à ceux qui
font dans la Lune, que fi les rayons
eftoient immediatement refléchis de
noftre terre.

2, Quand ces nuées interpofées, font
d'vne large eftenduë ou de grande
opacité, comme il fe void és grandes
pluyes extraordinaires & de durée,
alors il y doit auoir quelque alteration vifible en la clarté de noftre terre:
mais neantmoins cela ne la fait point
differer d'auec la Lune, puis qu'il en
eft auffi de mefme en cette Planette
là, ainfi qu'il fera monftré fur la fin du
chapitre fuiuant,

PROPOSITION XII.

Qu'il est bien propable que dans ce Mon-
de là il y a des Meteores semblables
à ceux que nous auons dans
le nostre.

PLVTARQVE debatant ce
poinct, affirme qu'il n'est pas
necessaire qu'en ces deux Mondes tout y croisse & y fructifie d'vne
mesme façon, puis que la Nature, sage & adroite à merueilles, pouuoit
trouuer plus d'vn moyen pour produire mesme effet. Mais quoy qu'il en
soit, il estime estre vray semblable que
la Lune mesme euapore & pousse
hors des vents tiedes, & qu'à cause de
la celerité de son mouuement il y doit
auoir là vn air doux & salutaire, des
rosées tres agreables, & vne humidité
moderée, pour seruir au rafraischisse-
ment & à la nourriture des habitans
& des plantes qui sont en ce monde là.

Mais veu qu'ils ont là toutes choses semblables aux nostres : comme terre & mer, & vn air vaporeux qui enuironne l'vne & l'autre, ie croyrois plustost que la Nature s'y seruiroit du mesme moyen pour produire les Meteores qu'elle fait en ce bas Monde, & non pas par le mouuement comme se l'imagine Plutarque; parce que la Nature n'aime point à s'escarter de ses operations accoustumées, sans quelque extraordinaire empeschement; mais tient toûjours son grand chemin battu, si elle n'en est dechassée.

L'argument par lequel ie manifesteray cette verité, se peut prendre de ces nouuelles Estoilles, qui ont apparu en diuers aages du monde, & qui par leur paralaxe ont esté discernées estre au dessus de la Lune: comme celle qui apparut en Cassiopée, & cette autre au Sagitaire, auec beaucoup d'autres entre les Planettes. Hypparchus en son temps print particuliere connoissance de ces choses, & partant il se figura de certaines constellations, monstrant combien il y auoit d'E-

Plin. Hist. Nat. lib.2. cap. 26.

ftoilles en chaque Afterifme , afin
que par ce moyen la pofterité peuft
aisément connoiftre fi les Eftoilles fe
perdoient , ou s'il s'en produifoit de
nouuelles. Or la Nature de fes Cometes , peut manifefter vray femblablement qu'en cét autre monde là il y
a auffi d'autres meteores : car felon
toute apparence, ce ne font rien autre
chofe que des euaporations du corps
des Planettes , caufées par le Soleil.
Ie le prouueray en faifant voir premierement l'improbabilité & les inconueniens qui s'enfuiuroient de toute autre opinion.

Pour mieux donc pourfuiure ce
poinct, il eft requis en premier lieu
que ie combatte noftre principal ad-
uerfaire, Cefar la Galla, comme eftant
celuy qui plus directement s'oppofe à
cette verité que nous auons à prouuer.
Cét Autheur donc tafchant de confirmer l'incorruptibilité des Cieux , &
ayant là à fatisfaire à l'argument pris
de ces Cometes , il y refpond ainfi:

Ou l'argument pris des paralaxes n'eft pas
fuffifät, ou s'il l'eft, l'vfage de leur inftru-

*ment est fautif & trompeur, ou à raison de
l'Estoille, ou du milieu, ou de la distance;
cette Comete estoit donc en la suprême region de l'air : ou si elle estoit dans le Ciel,
elle pouuoit y estre produite par la refléxiõ
des rayons de Saturne & de Iupiter, qui
estoient alors en cõjonction.* Vous voyez
à quelles euasions il est reduit, comme
il court deçà & delà, afin de trouuer
quelque lieu pour se mettre à couuert, & au lieu d'vser de la force de la
raison, il respond auec multitude de
paroles, cuidant (comme dit le pro-
uerbe) se pouuoir seruir de gresle faute de foudre. Il n'y a rien de si hon-
teux dit Seneque, *que celuy qui tantost
lasche le pied, & tantost l'aduance sans
sçauoir où l'arrester.* Il croit qu'il n'y a
point de Cometes dans les Cieux, à
cause qu'il peut y auoir beaucoup
d'autres raisons de telles apparences;
mais quelles, c'est ce qu'il ne sçait pas:
Peut-estre (dit-il) que cét argument
du paralaxe n'est pas suffisant; ou s'il
l'est, il y peut auoir du defaut, ou bien
l'on se peut tromper en l'obseruation.
A cecy ie puis dire seurement, que ce-

ex parala-
xi, non est
efficax, aut
si est efficax
eorum in-
strumento-
rum vsuth
decipere,
vel ratione
astri, vel
medij, vel
distantiæ,
aut ergo
erat in su-
prema par-
te aëris, aut
si in cœlo,
tum forsan
factũ erat
ex refle-
ctione ra-
diorum Sa-
turni & Io-
uis, qui tũc
in conjun-
ctione fue-
rant.
Epist. 95.

Vide Gali-
leum Syst.
Mundi.
Colloq. 5.

luy qui doute de la force de cét argument, peut à bon droit estre estimé
tres-foible & chetif Mathematicien,
& n'a que fort peu de connoissance
en l'Astronomie, celuy qui n'entend
point le paralaxe, qui est le fondemēt
de cette science là : & suis certain que
vn hôme est fort timide & fort crain-
tif, lequel ne s'en oseroit croire à l'experience frequente de ses sens, ou se
fier à vne demonstration. I'aduoüé
bien à la verité qu'il est possible que
l'œil, le milieu, & la distance, peuuent
tous tromper le Spectateur ; mais ie
voudrois donc qu'il monstrast lequel
de tous sembleroit causer vne erreur
en cette obseruation icy ? Dire simplement qu'on se pourroit abuser, n'est
pas vne response suffisante : car par la
mesme raison ie pourrois refuter les
suppositions de tous les Astronomes,
& affirmer que les Estoilles sont tout
proches de nous, parce qu'ils se peuuent tromper en l'obseruation de
leurs distances. Mais ie m'abstiens d'y
repliquer plus auant. L'opinion que
i'ay du traitté de cét authour, & le jugement

gement que i'en fay, eſt, ou qu'il l'a
publié à deſſein de tenter vne refuta-
tion, afin de pouuoir voir l'opinion de
Galilée confirmée par d'autres ; ou
bien qu'il a eſté compoſé auec autant
de precipitation & de negligence
qu'il a eſté imprimé, y ayant preſque
autant de fautes que de lignes.

D'autres eſtiment que ce ne ſont
point de nouuelles Cometes, mais
quelques eſtoilles anciennes qui
eſtoient là auparauant, leſquelles lui-
ſent maintenant auec cet eſclat non
accouſtumé, à cauſe de l'interpoſition
de ces vapeurs, qui multiplient leur
lumiere ; & que par conſequent le
changement ſera icy ſeulement, &
non pas és Cieux. Ainſi Ariſtote a-il
creu que l'apparence du chemin de
laict eſtoit produite. Car il tenoit qu'il
y auoit beaucoup de petites eſtoilles, qui par leur influence attiroient
continuellement vne telle vapeur vers
cet endroit là du Ciel ; tellement
qu'il apparoiſſoit touſiours blanc. Or
par la meſme raiſon, vne plus claire

& plus brillante vapeur , peut eſtre la cauſe de ces apparences là.

Mais quelque plauſible que puiſſe eſtre cette opinion , ſi eſt-ce que ſi vous la conſiderez bien , vous la trouuerez entierement abſurde & impoſſible : Car,

1. Ces Eſtoilles ne s'eſtoient iamais veuës là auparauant, & n'eſt pas vray ſemblable qu'vne vapeur eſtant tout proche de nous , puiſſe tant multiplier cette lumiere qui auparauant ne ſe pouuoit point du tout diſcerner.

2. Cette ſuppoſée vapeur ne peut eſtre, ou ramaſſée en vn petit circuit, ou dilatée en vn grand. Premierement elle ne pouuoit eſtre dans vn petit eſpace , car alors cette eſtoile n'apparoiſtroit pas auec la meſme lumiere multipliée , à ceux des autres climats. Secondement ce ne pouuoit eſtre vne vapeur dilatée, car alors les autres Eſtoilles qu'on diſcerneroit au trauers de cette meſme vapeur, apparoiſtroient auſſi grandes que celle là : cet argument eſt le meſme en effect que

celuy du Parallaxe, ainſi que vous le
pouuez voir par cette figure.

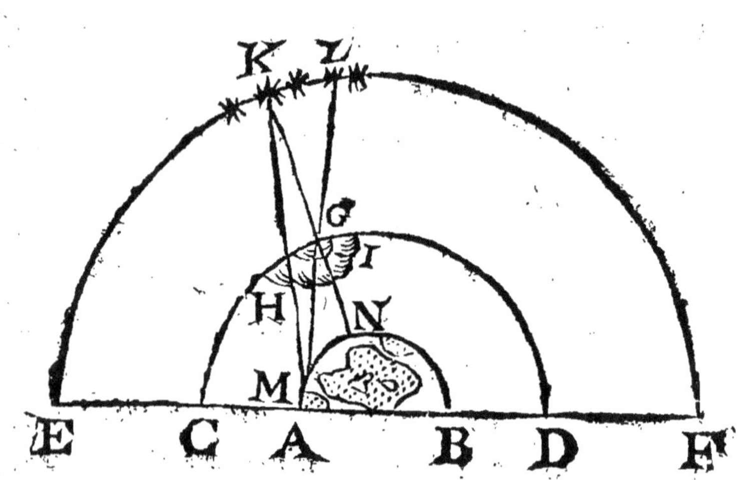

Suppoſez que A B ſoit vn hemiſphere d'vne terre, C D la partie ſuperieure de la plus haute region, dans
laquelle il y auroit vne vapeur ramaſſée, comme G, ou bien dilatée comme H I. Suppoſez pareillement que
E F repreſente la moitié des cieux,
où ſeroit cette Comette qui apparoiſtroit à K. Or ie dy qu'vne vapeur re-
ſerrée comme G, ne pourroit pas cauſer cette apparence, parce qu'vn ha-
bitant à M, ne pourroit pas diſcerner
cette meſme Eſtoille auec cette meſ-

Bb ij

me clarté, comme il en pourroit faire vne autre à L, entre laquelle la vapeur est diametralement opposée. Et
elle ne peut pas estre non plus causée
par vne vapeur dilatée comme H I,
parce qu'alors toutes les Estoilles que
on discerneroit au trauers de cette vapeur là, seroient aussi apperceuës auec
le mesme esclat & splendeur.

Il est donc necessaire que la cause
de ce Phenomene soit dans les Cieux.
Et c'est ce dont demeurent d'accord
la pluspart des meilleurs & plus fameux Astronomes. Mais, disent
quelques-vns, cela n'infere pas vne
alteration naturelle en ces corps celestes, puis qu'il est croyable que le
concours de plusieurs petites estoilles
errantes, par l'vnion de leurs rayons,
peuuent causer vne aussi grande clarté. De cette opinion estoient Anaxagore & Zenon parmy les anciens, &
Cisatus, Blancanus, & autres parmy
nos Astronomes modernes. Car, disent-ils, quand il se fait vn concours
de quelque petit nombre d'estoilles,
alors plusieurs autres y accourent de

toutes les parties du ciel comme autant d'abeilles à leur Roy. Mais premierement, il n'y a pas d'apparence
qu'entre celles que nous contons pour
estoilles fixes, il y eust des mouue-
mens si incertains, qu'elles peussent
errer ou vaguer de costé & d'autre de
tous les endroits des cieux, comme si
la Nature les auoit negligées, ou auoit
oublié à leur assigner vn cours prefix
& determiné. Secondement s'il y a
vn tel assemblage de ces Estoilles côme d'abeilles à leur roy, d'où vient
donc qu'elles n'y demeurent point
tousiours, afin que par ce moyen la
comete ne viéne point à se dissoudre?
Mais c'est assez parlé de cecy : Vous
pouuez voir plusieurs Autheurs où
cette opinion est refutée par quantité
d'autres argumens. D'autres asseu- Clauius in
rent que ce sont des Estoilles creées Sphæram
de nouueau, produites par vne puis- cap. 1.
sance extraordinaire & surnaturelle.
Ausquels ie responds qu'à la verité il
n'est pas impossible que cela puisse
estre, mais qu'il n'y a pas d'apparence
que cela soit, puis que tels Phenome-

nes se peuuent sauuer par quelque autre voye : & partant d'auoir recours
aux miracles, seroit faire iniure à la
Nature, & deroger à son addresse;
chose indigne de tout homme qui se
dit Philosophe. Les miracles (dit vn
certain Autheur) sont souuent l'a-
zyle d'vne ignorance paresseuse, dont
tout esprit industrieux doit auoir honte comme d'vn lasche moyen d'euiter
le trauail d'vne plus grande recherche.   Mais le mal est que nous com-
mençons par nous attacher aux principes d'Aristote, & puis apres nous
concluons qu'autre chose qu'vn miracle ne les peut contredire : au lieu que
pour le bien de la republique des lettres, il vaudroit beaucoup mieux fon-
der nos principes sur nos frequentes
experiences, que sur la simple authorité d'autruy.

Il y en a d'autres qui estiment que
ces Cometes ne sont rien autre chose
que les exhalaisons de nostre terre,
esleuées és plus hautes parties du ciel.
Ainsi Pena, Rothmannus, & Galilée.
Mais cela n'est pas possible, puis qu'on

Miraculum
est igno-
rantiæ
Asylum.

Tycho,
Progym,li.
1.cap.9.

trouue par bonne computation, que
vne de ces cometes est plus de 300.fois
plus grande que n'est tout nostre globe de terre & d'eau. C'est pourquoy
d'autres estiment qu'elles procedent
du corps du Soleil, & que cette seule
Planette est: a *La boutique où se forment
les Cometes, d'où elles sont enuoyées comme autant d'espies, qui doiuent incontinent y retourner.* Mais cela ne peut
pas estre non plus, puis que si vne si
grande abondance de matiere proce-
doit du Soleil seul, elle auroit sans
doute causé en son corps quelque di-
minution perceptible. Et partant le
noble Tycho estime qu'elles sont com-
posées de quelques parties plus fluides du ciel, semblables à celles dont
est formée la voye de laict, lesquelles
estans condensées ensemble sans toutesfois atteindre à la consistence d'vne
estoille, sont en quelque espace de
temps derechef rarefiées, & retour-
nēt à leur estat naturel. Mais cela n'est
pas vray semblable; parce que cette
blācheur qui paroist au chemin de laict
ne prouient pas de quelques parties

Fromond.
Meteor. l.
2. c. 5. art.
2. Item
Vesta tract.
5. c. 2.

plus fluides du ciel (comme il suppo-se) mais de la clarté de plusieurs pe-tites estoilles qui sont là tout à l'en-tour. Et c'est la raison pourquoy on le descrit ordinairement en cette ma-niere. *La voye de laict n'est autre chose qu'vn amas d'infinies & inombrables Estoilles fixes, qui blanchissent ce chemin là de leur clarté pasle & confuse.*

Et d'ailleurs, quelle cause apparen-te de cette condensation nous pou-uons-nous imaginer, sinon qu'il y ait là de telles qualitez qu'il y a en nostre air, & par consequent pourquoy les Planettes ne peuuent-elles pas auoir les mesmes qualitez qu'à nostre terre? & cela estant, il y a donc plus d'appa-rence que ces Cometes se font par la voye ordinaire de la Nature ainsi que elles se font icy bas, & se forment de ces exhalaisons des corps des Planet-tes, lesquelles estans rarefiées, peuuent estre attirées en haut, au trauers du globe d'air vaporeux qui les enuiron-

De Comet.
l. 5. c. 4.
Apolog.
pro Galil.

ne. Ce qui mesme n'est pas vne opi-nion particuliere, mais a semblé tres probable à Camillus Gloriosus, Cam-panella,

panella, Fromondus & plusieurs au- *Meteor. l. 3. c. 2. art. 6.*
tres. Mais si vous demandez où re-
tourneront toutes ces exhalaisons: Ie
responds qu'elles retourneront chacune en sa propre Planette. Que si
on obiecte derechef qu'il y aura donc
autant de centres de grauité, & que
chaque diuerse Planette sera vn monde distinct: Ie responds que nous n'a-
uons pas les mesmes vraye semblances
touchant les autres Planettes, mais
neantmoins peut estre sont-elles toutes autant de Mondes, excepté le So-
leil, quoy que Cusanus & quelques *Lactant. Inst. l. 3. c. 23.*
autres estiment qu'il y en là vn aussi:
& ces derniers temps ont descouuert
que quelques petits nuages se meuuent tout à l'entour de luy. Mais
quant à Saturne, il a deux Lunes de
chaque costé. Iupiter en a quatre qui
le circuisent de leur mouuement. Lesquelles pareillement s'éclipsent par
l'interposition de son corps, comme
fait la Lune par l'interposition de nostre terre. Venus s'obserue accroistre
& descroistre comme la Lune. Et
peut estre que cela a esté remarqué par
C c

les siecles precedens, ainsi qu'il se peut
coniecturer par cette relation de saint
Augustin tirée de Varron. Mars, &
toutes les autres Planettes tirent leur
lumiere du Soleil. Quant à Mercure
il ne s'en est fait que peu ou point de
remarque, d'autant que pour la pluspart du temps il se tient caché sous les
rayons du Soleil, & paroist rarement
à par soy. Mais quand il paroist, le
circuit de son corps est si petit, & sa
lumiere d'vne si claire splendeur, à raison de la proximité du Soleil, que la
Lunette ne peut faire sur luy les mesmes descouuertes, qu'elle fait sur les
autres.

Tellement que si vous considerez
leur quantité, leur opacité, ou ces autres descouuertes, vous trouuerez
qu'il est assez vray semblable que
chacune d'elles peut estre vn Monde
diuers. Specialement puis qu'à chacune est assigné vn globe particulier,
& qu'elles ne sont pas toutes en vn
mesme globe, ainsi que le semblent
estre les Estoilles fixes. Mais c'en seroit trop debiter d'abord. La princi-

pale chose à quoy ie vise en ce discours, est de prouuer seulement qu'il
y en peut auoir vn dans la Lune.

Il a esté confirmé cy dessus, qu'il y
y a vn orbe d'air espais & grossier
qui enuironne le corps de la Lune, de
la mesme façon que font la premiere
& seconde region, cette terre où nous
sommes. Ie viens aussi de monstrer
que de là peuuent proceder des exhalaisons, qui produisent les Comettes.
Or il s'ensuiura de là vray semblablement qu'il y peut auoir aussi des vents
& des pluyes, auec tels autres Meteores
que nous auons parmy nous. Cette
consequence en depend tellement,
que Fromondus ne l'ose nier, quoy De meteor.
l. 3. c. 2.
qu'il le voudroit bien faire, comme il art. 6.
le confesse luy mesme : Car si le Soleil peut faire exhaler de leurs corps
des vapeurs capables de causer les
Cometes, pourquoy n'en feroit-il pas
exhaler celles qui peuuent causer les
vents, ou celles qui peuuent aussi causer les pluyes, puis que i'ay fait voir
cy dessus qu'il y a là & mer & terre
comme nous auons icy ? Or la pluye

Cc ij

semble sur tout leur estre plus requise & necessaire, puis qu'elle peut moderer l'extréme chaleur du Soleil, lors qu'il est droit sur leurs testes. Et que la Nature a ainsi pourueu pour les habitans du Perou, & pour ceux qui sont sous la ligne.

Mais, dira quelqu'vn, s'il y a de si grands & si frequens changemens dans les Cieux, pourquoy donc ne les pouuons-nous pas voir?

Ie responds.

1. Qu'il y peut auoir de tels changemens, bien que nous ne les puissions pas apperceuoir, à cause de la foiblesse de nostre veuë, & de la grande distance des lieux. Ce sont les paroles de Fienus, ainsi qu'elles sont citées par *a* Fromondus. Et auec luy s'accorde Fromondus mesme quand ,, vn peu apres il dit. *Si nous estions* ,, *dans les Spheres des Planettes, nous* ,, *pourrions peut-estre recognoistre quantité de nuages espandus dans toute l'estenduë du Ciel, que nous n'apperceuons pas à present, à cause que nous en sommes trop esloignez.*

a De Met. l.3.c.2.ar.6. Possunt maximæ perimutationes in cælo fieri, etiamsi à nobis non cóspiciantur; hoc visus nostri debilitas & immensa cœli distantia faciunt. Si in sphæris planetarum degeremus, plurima forsan cœlestium nebularum vellera toto æthere passim dispersa videremus, quorum species iam euanescit nimiâ spatij intercapedine.

2. Meſtlin & Keppler aſſeurent auoir veu de ces mutations. Voicy les paroles de Meſtlin comme ie les trouue citées. a *En cette Eclipſe de Lune qui parut le Dimanche des rameaux en l'année 1605. on vit dans le corps de la Lune du coſté du Nort, vne certaine tache noiraſtre plus obſcure que tout le reſte de ſon corps, qui repreſentoit la figure d'vn fer rouge, & il ſembloit que ce fuſt vne grande nuë pleine de pluyes & d'orages, ſemblable à celles que l'on voit dans les vallées quand on les regarde du ſommet des hautes montagnes.*

Et vn peu deuant, ce meſme Autheur parlant de cet air nuageux qui enuironne la Lune, nous dit. b *Que cette clarté qui l'enuironne, ſemble tantoſt plus & tantoſt moins pure :* cē qu'il iuge prouenir des nuées & des vapeurs qui y ſont.

A quoy ie puis adiouſter vn autre teſmoignage de Ciſatus, ainſi qu'il eſt cité par Nicrembergius, fondé ſur vne obſeruation priſe 23. ans apres celle de Meſtlin, & eſcrite dans vne Epiſtre enuoyée à ce Nicrembergius par ce diligent & Iudicieux Astronome là. Dont voici la teneur : « *En la derniere Eclipse de Soleil qui arriua le iour de Noël, lors que la Lune estoit iustement au dessous de luy, ie remarquay distinctement vne chose qui prouue fort bien ce que les Cometes & les taches qui sont dans le Soleil nous obligent de croire, à sçauoir que les Cieux ne sont pas exempts de la rareté de l'air, & des changemens qui y arriuent : car i'obseruay qu'il y auoit autour de la Lune vn certain orbe de vapeurs comme il se voit autour de nostre terre ; En sorte que tout ainsi que de nostre terre s'esleuent des vapeurs & des exhalaisons iusques à vne certaine sphere : De mesme aussi s'en esleue-t'il de la Lune.*

Vous auez veu les puissantes raisons, & les clairs tesmoignages que i'ay produits pour la preuue de cette Proposition. Quantité d'autres choses se pourroient encore dire en sa faueur, lesquelles pour briefueté i'obmets maintenant, & passe à la Proposition suiuante.

excelsorum montium iugis in humiliora conuallium loca videre non raro contingit. &Quod circumfusus ille splendor diuersis temporibus apparet limpidior plus minusue. : Nieremb Hist natu. l. 2. c. 11. Et quidem in eclipsi nupera solari quæ fuit ipso die natali Christi, obseruaui clariùs in Luna soli supposita, quandoquidem quod valde probarit ipsum quod Cometæ moque & maculæ solares vigent nempe cœlum non esse à te-

nuitate & variationibus aëris exemptum ; nam circa Lunam ad-
uerti esse sphæram seu orbem quendam vaporosum, non secus atque circum terram, adeoque sicut ex terra in aliquam vsque sphæram vapores & exhalationes expirant, ita quoque ex Luna.

PROPOSITION XIII.

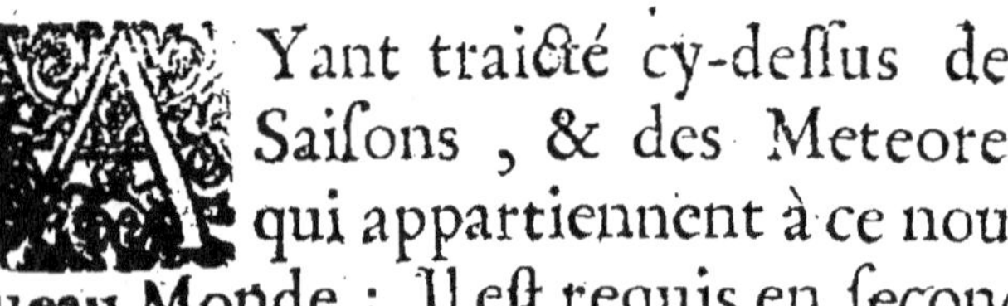

*Qu'il y a bien de l'apparence qu'en ce
Monde là il y a des habitans : mais
qu'on ne peut pas dire auec certitude
de quelle espece ils sont.*

Yant traicté cy-dessus des
Saisons , & des Meteores
qui appartiennent à ce nouueau Monde : Il est requis en second
lieu que ie vienne à la troisiéme chose
que i'auois promise, & que ie die vn
mot ou deux de ses habitās : touchant
lesquels l'on pourroit mouuoir plusieurs questions difficiles. Comme,
sçauoir si ce lieu là est plus incommo-
de pour l'habitation que n'est nostre
Monde , ainsi que l'estime Keppler:
S'ils sont de la semence d'Adam : S'ils
sont là en vn estat de beatitude , ou

quels moyens il y pourroit auoir pour leur salut : auec diuerses autres questions incertaines que ie passe volontiers sous silence, les laissans à l'examen & à la recherche de ceux qui ont & plus de loisir, & plus de sçauoir que moy. Ie me contenteray donc de coucher icy seulement ce que i'en ay appris & remarqué dans les escrits des Autheurs que i'ay leus sur ce suiet. *Car d'autant* (*comme dit Cusanus*) *que cette region nous est incognuë, nous ignorons aussi quels en sont les habitans.*

Il ne s'est point fait encore iusques icy de descouuerte touchant ces choses, sur laquelle nous puissions bastir aucune certitude ou bonne preuue: bien en pouuons-nous coniecturer, & cela mesme tres douteusement, mais nous n'en pouuons rien connoistre. *Car, si à grand peine pouuons-nous comprendre ce qui est en la terre, & ne pouuons trouuer sans difficulté & trauail ce que nous auons en main : comment donc pourrions-nous trouuer & connoistre les choses qui sont és Cieux? Combien petites sont les choses que nous connois-sons*

sons, en comparaison de tant de matieres contenuës en ce grand & vaste
vniuers ? Tout ce globe de terre &
d'eau, bien qu'il nous paroisse d'vne si
large estenduë, n'a pourtant pas tant
de proportion à toute la fabrique entiere de la Nature, qu'en peut auoir à
ce mesme globe vn petit grain de sa-
blon. Et que peuuent dõc discerner de
si chetiues creatures cõme nous, nous
qui sommes attachez à ce petit poinct
de terre? ou quelle connoissance peuuent auoir de nous les habitans de la
Lune? Car *si nous entendons quelque* 2. Esdras 4.21.
chose, dit *Esdras, ce ne sont que les choses*
qui sont sur la terre : mais celuy seul qui
habite sur les Cieux, peut entendre les
choses qui sont par dessus les Cieux.

De sorte que ce nous seroit vne
chose tres vaine & tres inutile de nous
amuser à la recherche de telles particularitez. Quoy qu'il en soit, nous
pouuons coniecturer en general qu'il
y a des habitans dans cette Planette
là : car autrement, pourquoy la Nature auroit-elle fourni ce lieu là de
toutes commoditez propres pour

Dd

l'habitation, comme nous auons declaré cy dessus?

Mais peut estre que vous direz; n'y
a-il point là vne trop grande & trop
insupportable chaleur, puis que le Soleil est en leur Zenith tous les mois, &
y tarde par vn si long espace de temps
auant que de le quitter?

Ie responds, premierement, que là,
parauenture, (aussi bien que sous la ligne) la frequence des ondées de pluye
qui y tombent sur le milieu du iour, &
les nuées qui ombragent le Soleil & ra-
fraischissent leur terre, peuuent reme-
dier à cela. Secondement, que l'egalité
de leurs nuicts tempere beaucoup le
hasle du iour; & que l'extréme froidure qui procede de celle là, requiert
quelque espace de temps auant qu'elle
puisse estre dechassée par celuy-ci: tel-
lemēt que la chaleur employant beaucoup de temps auant qu'elle puisse obtenir la victoire, n'en a pas puis apres
beaucoup pour exercer son ardeur &
ses rauages. C'est pourquoy nonobstāt
ce doute, ce lieu là peut estre habitable. Le Cardinal Cusanus estoit de

ce sentiment, quand parlant de cette Planette, il dit : a *Cet endroit du monde est peuplé d'hommes, d'animaux, & de vegetaux.* Auec luy s'accorde Campanella, mais il ne peut pas bien determiner si ce sont des hommes, ou pluſtoſt quelqu'autre eſpece de creatures. Si ce ſont des hommes, il croit qu'ils ne peuuent pas eſtre infectez du peché d'Adam : mais que peut eſtre ils en ont de leur propre qui les ont peu aſſuiettir à la meſme miſere que nous, dont peut eſtre, ils ont eſté deliurez par le meſme moyen que nous, aſſauoir par la mort de Ieſus Chriſt; & ainſi croit-il que ce paſſage des Epheſiens ſe doit entendre, là où l'Apoſtre dit que *Dieu recueillit enſemble toutes choſes en Chriſt, tant ce qui eſt és Cieux, que ce qui eſt en la terre.* Comme auſſi ce paſſage du meſme Apoſtre aux Colloſſiens, où il eſt dit que *le bon plaiſir du Pere a eſté de reconcilier par Chriſt toutes choſes à ſoy, tant les choſes qui ſont és Cieux, que celles qui ſont en terre.*

Mais ie n'oſe pas ainſi me ioüer des veritez diuines; ou appliquer ces paſ-

Dd ij

a De doctr. ign. l. 2 c. 12 Hic locus Mundi eſt habitatio hominum & animalium atque vegetabilium.

Ephes. 1. 10.

Colloſ. 1. 20.

sages selon que la fantaisie le suggere.
Mais comme i'estime que cette opinion ne contrarie point à aucun passage de l'Escriture : aussi croy-ie semblablement qu'elle ne s'en peut pas
prouuer. Partant la seconde coniecture de Campanella pourra estre la
plus vray semblable, assauoir que les
habitans de ce Monde là ne sont point
hommes comme nous, mais quelque autre espece de creatures qui
ont quelque proportion & ressemblance auec nostre nature. Ou bien
il se peut faire qu'ils sont d'vne nature
toute differente des autres choses d'i-
cy bas, & telle que nulle imagination
ne peut d'escrire : nos entendemens
n'estans capables que des choses qui
sont entrées par nos sens : ou bien ils
sont d'vne nature mixte composée de
toutes. Or il y peut auoir beaucoup
d'autres sortes de creatures outre celles qui sont desia cōnuës dans le Monde. Il y a vn grand abysme entre la
nature des hommes & celle des Anges. Il se peut faire que les habitans
des Planettes sont d'vne nature mi-

toyenne entre ces deux. Il n'est pas incroyable que Dieu n'en ait creé de toutes sortes, afin de se glorifier plus completement és œuures de sa Puissance & desa Sagesse.

Le Cardinal Cusanus estime aussi qu'ils different de nous en diuers esgards. I'infereray icy ses paroles comme elles se trouuent au lieu cité cy dessus. *Il y a grande apparence que les habitans du Soleil participent beaucoup de sa nature : qu'ils sont clairs, illuminez, intellectuels, & beaucoup plus spirituels que ceux qui sont dans la Lune, lesquels approchent de la nature de cette Planette, ny que ceux de la terre qui sont encore plus grossiers & plus materiels, de sorte que ces natures intellectuelles qui sont dans le Soleil, sont moins en puissance qu'en acte, celles qui sont dans la terre, moins en acte qu'en puissance, & celles qui sont dans la Lune moyennes entre les deux : Les influences ignées du Soleil, & les aqueuses & aerées de la Lune, & la pesanteur materielle de la terre, nous font croire cela. On peut dire la mesme chose du reste des estoilles, qui ont sans doute aussi leurs habitans comme les autres, chacune estant vn monde particulier dans l'vniuers, dont le nombre n'est cognu qu'à celuy qui a fait & creé toutes choses par compte.*

Car il tenoit que les Estoilles n'estoient pas toutes en vn égal orbe comme nous le supposons communément; mais que les vnes estoient beaucoup plus hautes que les autres, ce qui les faisoit paroistre plus petites: & que beaucoup d'autres estoient si haut au dessus de celles-cy, qu'elles nous estoient entierement inuisibles. Opinion (ce me semble) pour laquelle ie ne voy pas grande apparence de verité, ny grand certitude à l'encontre.

Le Prestre de Saturne racontant à Plutarque (selon qu'il le feint luy mesme,) la nature de ces Selenites, luy dit qu'ils estoient de diuerses dispositions, les vns se plaisans à viure és plus basses parties de la Lune, d'où ils peussent regarder en bas sur nous, pendant que les autres estoient colloquez plus haut, resplendissans tous comme rayons du Soleil, & comme

victorieux ſont couronnez de cou-
ronnes qu'on appelle la conſtance des
aiſles.

C'a eſté l'opinion de quelques-vns
des anciens, que leurs cieux & champs
Elyſées eſtoient dans la Lune, où
l'air eſt tres ſerain & pur. Ainſi So-
crate, ainſi Platon & ſes Sectateurs,
l'eſtimoient eſtre le lieu où ces plus
purs eſprits habitent, leſquels ſont
affranchis du ſepulchre & de la contagion du corps. Et par la fable de
Ceres, errant continuellement çà &
là à la recherche de ſa fille Proſerpine,
n'eſt entendu autre choſe ſinon l'ar-
dent deſir qu'ont les humains qui viuent ſur la terre de Ceres, d'obtenir
vne place chez Proſerpine, c'eſt à dire
dans la Lune ou Ciel.

Plutarque auſſi ſemble eſtre de ce
meſme ſentiment ; mais il tient auec
cela qu'il y a deux lieux de felicité
correſpondans à ces deux parties de
l'homme qu'il ſe figure reſter apres ſa
mort, aſſauoir l'ame & l'entendement. L'ame (ce penſe-t'il) eſt faite
& formée de la Lune qui en eſt l'eſſe-

qui omnia
in numero
creauit.

Nat. Com.
l.3.c.19.

ment, parce que les ames se resoluent
en la Lune, ne plus ne moins que les
corps des trespassez se resoluent en la
terre dont il sont faits ; au lieu que
l'entendement montera au Soleil dont
il a esté fait, où il possedera vne eternité de bien estre , & vne bien plus
grande felicité que celle dõt on iouyt
dans la Lune. De sorte que quand vn
homme meurt, si son ame est beaucoup poluée ou soüillée, il faut qu'elle
vaque çà & là dans la moyenne region
de l'air où l'enfer est, & y souffre des
tourmens innenarrables pour les pe-
chez qu'elle à commis. Au lieu que
les ames des gens de bien, aprés auoir
esté par quelque espace de temps pur-
gées de l'impureté qu'elles pourroient
auoir contractée de la contagion du
corps, s'en retourneront à la Lune;
où elles iouyront de la ioye que sen-
tent ceux qui professent les saints mysteres, duquel lieu (dit-il) aucunes sont
enuoyées icy bas pour auoir le soin &
la superintendance des Oracles, ayans
l'œil sur les meffaits & les punissans,
& preseruans aussi les bons de toutes
sortes

fortés de perils. Mais fi dans cet employ elles ne fe comportent pas comme il faut , alors doiuent elles derechef eftre emprifonnées dãs des corps
humains, autrement elles reftent dans
la Lune iufqu'à tant qu'elles fe refol-
uent en icelle ; & l'entendement,
eftant defchargé de tous empefche-
mens, remonte au Soleil qui eft fon
propre lieu. Mais cela requiert diuers
efpaces de temps felon les diuerfes af-
fections de l'ame. Et quant à celles
qui ont mené vne vie vertueufe &
honnefte , ayans aimé le repos de l'e-
ftude fans s'embroüiller d'affaires, elles font incontinent colloquées à vne
plus haute felicité. Mais celles des am-
bitieux, & de ceux qui fe font meflez
d'affaires , des amoureux qui ont aimé
les corps, ou qui fe font monftrez ar-
dans à la pourfuite des conuoitifes, fe
ramenans la memoire des chofes que
ils ont faites en leur corps, ne plus ne
moins que des fonges en dormant, fe
promenent vagantes çà & là : pource
que leur inconftance, & l'eftre trop
fuiettes à leurs paffions, les tranfpor-

E e

te & les retire hors de la Lune à vne autre generation, ne les laissant point reposer. Ainsi vous voyez l'opinion de Plutarque touchant les habitans, & les voisins de la Lune, laquelle à la façon des Academiques il desduit en la troisiéme personne. Vous voyez qu'il estime que cette Planette là est vne espece de Ciel inferieur. Et quoy qu'il differe des autres en beaucoup de circonstances, si l'a descrit-il estre vn lieu, tel que celuy que nous supposons estre le Paradis. Vous voyez pareillemét son opinion touchant le lieu des Demons & des damnez, assauoir qu'il est dans la moyenne region de l'air; & n'est pas seul de l'vne & de l'autre opinion, car quelques Escriuains plus modernes & Orthodoxes, se sont accordez auec luy. Pour ce qui est du lieu de l'enfer, plusieurs l'estiment estre en l'air, aussi bien qu'en aucun autre endroict.

De ciuit.
Dei l. 22. c.
16.

    Il est vray que S. Augustin affirme que ce lieu là ne se peut descouurir: Mais il y en a d'autres qui en sçauent monstrer la situation par l'Escriture: les vns le tenans estre en vn autre

Monde hors celui-cy, pource que no-
stre Sauueur l'appelle σκότος ἐξείτιρον te- *S. Matth.*
nebres de dehors. Mais la pluspart veu- *25. 30.*
lent qu'il soit placé au centre de no-
stre terre, parce qu'il est dit que Iesus *Ephes. 4. 9.*
Christ descendit és plus basses parties
de la terre. Et quelques-vns de ceux
cy s'asseurent si fort que c'est là sa situation, qu'il vous en sçauent aussi
descrire tous les bouts & les costez, &
de quelle capacité il est. François
Ribera, en son Commentaire sur l'A-
pocalypse, parlant de ces mots, où il
est dit que *le sang sortit du pressoir ius-* *Apoc. 14.*
qu'aux freins des cheuaux par mille six *20.*
cens stades, les interprete deuoir estre
entendus de l'Enfer, & que ce nombre là exprime le diamettre de sa concauité, qui est deux cens milles Italiques. Mais Lessius croid que cette opi- *De Morib.*
nion leur donne trop d'espace en en- *diu. l. 13.*
fer, & partant il s'imagine qu'il n'est *cap. 24.*
pas d'vne si grande estenduë. Car, dit
il, le diametre d'vne lieuë, estant multiplié cubiquement, fera vne sphere
capable de contenir huit cens mille
millions de damnez, assignant à cha-

cun d'eux fix pieds en quarré; quoy qu'à fon aduis il foit certain qu'il n'y en aura pas en tout cent mille millions de damnez. Vous voyez que ce hardy Iefuite a efté fort foigneux que vn chacun de ces malheureux là n'euft pas plus de place en enfer qu'il ne luy en faut; & par fon eftrange coniecture, vous pouuez iuger qu'il a mieux aimé paroiftre abfurd, que peu charitable ou ignorant. Ie me fouuien qu'il y a vn certain narré dans Pline qui fait mention comment Dionyfodorus le Mathematicien, eftant mort, enuoya vne lettre de ce lieu là à quelques-vns de fes amis en terre, pour leur certifier quelle diftance il y auoit entre le centre de la terre & la fuperficie. Il euft bien fait de preuenir cette controuerfe, & les informer de toute la capacité de ce lieu là. Quoy qu'il en foit, il eft certain que ce nombre là ne fe peut pas fçauoir ; & eft probable qu'on n'a pas encore determiné du lieu, mais que l'enfer eft par tout où vne ame eft tourmentée, qui peut eftre auffi bien en la region de l'air, qu'au centre de la terre : Et c'eſt pour cela peut eſtre que le diable eſt appellé le Prince de l'air. Mais cela ſoit dit ſeulement par occaſion, & à cauſe de l'opinion de Plutarque touchant ceux qui ſont autour de la Lune. Quant à la Lune meſme, il l'eſtime eſtre vne eſpece de Ciel inferieur ou plus bas Ciel, & partant en vn autre endroit il l'appelle Aſtre terreſtre, & terre Olympique ou celeſte; correſpondan- Curſilent. te à mon aduis au Paradis terreſtre des Scholaſtiques. Or que ce Paradis là ſoit ou dans la Lune ou proche de la Lune, eſt l'opinion de quelques Eſ- criuains modernes, leſquels (ſelon toute apparence) la deriuent de l'aſ- ſertion de Platon, & paraduenture de celle-cy de Plutarque. Toſtatus attribuë cette opinion à Iſidorus Hiſ- palenſis, & au venerable Bede: & Pe- rerius la dit eſtre de Strabus & de Ra- banus ſon Maiſtre. Les vns veulent qu'il ſoit ſitué en vn lieu qui ne ſe peut découurir, ce qui a obligé l'autheur du liure *d'Eſdras* de tenir pour plus diffi- cile de *connoiſtre les iſſuës de Paradis,* 2. Eſdr. 4. 7.

Curſilent. Oracula.

Ravvley Hiſt. l. 1. c. 3. ſect. 7.

In Geneſ.

*que de peſer la peſanteur du feu, ou de
meſurer le vent, ou de rappeller le iour qui
eſt paſſé.* Mais nonobſtant tout cela, il
y en a d'autres qui eſtiment qu'il eſt
ſur le ſommet de quelque haute montagne ſous la ligne ; & ceux-cy interpretent que la Zone torride eſt cette
eſpée flamboyante dont le Paradis
terreſtre eſtoit gardé. Le conſentement de diuers autres, eſt que le Paradis eſt ſitué en quelque haut & eminent lieu. Ainſi Toſtatus : *Le Paradis (dit-il) eſt ſitué tres haut, & au
deſſus des plus hautes eminences de la
terre :* & partant en ſon Commentaire ſur le 49. du Geneſc, il veut que par
la benediction de Iacob concernant
les montagnes d'eternité, ſoit entendu le Paradis, & que la benediction
meſme n'eſt autre choſe qu'vne pro-
meſſe de la venuë de Ieſus Chriſt, par
la Paſſion duquel les portes de Paradis
ſeroient ouuertes. Auec luy s'accordent Rupertus, Scotus, & la pluſpart
des autres Scholaſtiques, ainſi que ie
les trouue citez par *a* Pererius, & de ſes
écrits à luy par le Cheualier *b* Ravvley.

In Geneſ.
Eſt etiam
Paradiſus
ſitu altiſſi-
ma, ſupra
omnem
terræ alti-
tudinem.

a Commen.
in 2. Gen.
verſ. 8.
b Lib. 1. c.
2. ſect. 6. 7.

La raison qu'ils en donnent est, pource
que selon toute apparence ce lieu là ne
fut point inondé par le deluge, puis
qu'il n'y auoit point de pecheurs pour
y attirer cette malediction.　Voire
Tostatus estime que le corps d'Enoc y
estoit conserué: & quelques-vns des
Peres, comme Tertullian & S. Augustin, ont affirmé que les esprits bien
heureux estoient reseruez en ce lieu
là iusqu'au iour du iugement; & partant qu'il y a bien de l'apparence qu'il
ne fut point inondé ou couuert par
le deluge. Il seroit fort aisé de produire le consentement vnanime des Peres, pour prouuer que ce lieu là est encore reellement existant. Tout homme qui voudra faire vne diligente re-
ueuë de leurs escrits, pourra remarquer sans grand peine comment tous
d'vne voix ils interpretent que le Pa-
radis auquel S. Paul fut rauy, & celuy ＿2. Cor. 12.4.
dans lequel nostre Saüueur promit au ＿S. Luc 23. 43
bon larron qu'il seroit auec luy, est lo-
callemét le mesme d'où nos premiers
parens furent bànnis. Or on ne peut
designer de lieu en terre où ce Para-

dis puisse estre : & partant il n'est pas
tout à fait incroyable qu'il ne soit
dans cét autre Monde de la Lune.

Et d'ailleurs, veu que tout le genre
humain deuoit aller nud si Adam ne
fust point tombé , il estoit necessaire
que ce lieu là fust situé en quelque endroit qui fust affranchy des extrémitez du froid & du chaud. Or cela ne
pouuoit estre si commodément (ce
pensoient-ils) en vn air plus bas,
qu'en vn plus haut air. C'est pour
ces considerations & autres semblables , que tant d'Autheurs diuers ont
affirmé que le Paradis terrestre estoit
en vn lieu haut esleué ; Que quelques
vns ont conceu ne pouuoir estre autre
part que dans la Lune. Car il ne pouuoit pas estre au coupeau d'vne montagne : & mesme nous ne nous sçaurions imaginer aucun lieu separé de
cette terre , qui fust plus propre ou
plus commode pour l'habitation que
cette Planette là ; & partant ils con-
cluoyent que c'estoit là où il estoit.

Il ne pouuoit pas estre sur le sommet d'aucune montagne.

1. Parce

1. Parce que nous auons l'Escriture formelle, qui dit que les plus hautes
montagnes furent couuertes des
eaux.

 Genes. 7.
19.

2. Parce qu'il falloit qu'il fust d'vne
plus grande estenduë, & non pas vne
petite portion de terre, puis qu'il y a
de l'apparence que tout le genre humain y eust vescu si Adam ne fust
point tombé. Mais pour plus ample
satisfaction des argumens, ensemble
du discours du Paradis terrestre, ie
vous renuoye à ceux qui en ont escrit
expres : Me contentant pour ma part
d'en auoir dit autant qu'il suffit, pour
faire voir l'opinion & le sentiment des
autres, concernant les habitans de la
Lune. Ie n'oserois rien affirmer moy,
de ces Selenites, pource que ie ne voy
point de fondement sur lequel ie puisse bastir aucune opinion probable.
Mais ie croy que les siecles à venir en
descouuriront d'auantage, & que nostre posterité pourra peut estre inuenter quelque moyen, par lequel nous
pourrons mieux connoistre ces peuples là.

F f

PROPOSITION XIV.

Qu'il n'est pas impossible que quelqu'vn de la posterité puisse descouurir ou inuenter quelque moyen pour nous transporter en ce Monde de la Lune : & s'il y a des habitans, d'auoir commerce auec eux.

Tout ce qui a esté dit cy dessus touchant les habitans de ce nouueau Monde, n'est que par coniecture seulement & n'est que plein d'incertitude : Et mesme nous n'en pouuons pas iamais attendre de plus euidente ou plus probable descouuerte, à moins qu'il y ait esperance d'inuenter des moyens pour y pouuoir aller. La possibilité desquels sera le suiet de nostre enqueste & recherche en cette derniere Proposition.

Et si nous considerons seulement par quels degrez, & combien lentement tous les arts paruiennent d'or-

dinaire à leur plein accroiſſement,
nous n'aurons pas grand ſuiet de douter que celuy-ci ſemblablement ne ſe
puiſſe deſcouurir parmy les autres ſe-
crets. C'a touſiours eſté iuſques icy la
methode de la Prouidence, de ne nous
pas enſeigner toutes choſes en vn in-
ſtant, mais de nous mener par degrez
d'vne connoiſſance en l'autre.

Il s'eſt paſſé vn fort lõg-temps auant
qu'õ peuſt diſtinguer les Planettes d'a-
uec les eſtoilles fixes, & quelquetemps
encor apres cela, auant que l'on ait
deſcouuert que l'eſtoille du matin &
celle du ſoir fuſſent vne meſme eſtoille. Et ie ne doute point qu'en vn
plus grand eſpace de temps, on ne deſcouure auſſi cette inuention, & autres
excellens myſteres. Le temps, qui a
touſiours eſté le Pere des veritez nouuelles ; & qui nous a reuelé beaucoup
de choſes que nos Anceſtres ont igno-
ré, manifeſtera auſſi à noſtre poſterité
ce que maintenant nous deſirons, mais
„ ne pouuons pas cõnoiſtre. Vn temps
„ viendra (dit Seneque) que toutes
„ ces choſes qui ſont maintenant ca-

Queſt. Nat. l. 7. c. 25.

Ff ij

,, chées, sortiront à la lumiere du iour
,, par la diligence d'vn long aage. Les
arts ne sont pas encore paruenus à leur
Solstice. Mais l'industrie des siecles à
venir, assistée des labeurs de leurs de-
uanciers , pourra atteindre à cette
hauteur à laquelle nous ne sçaurions
paruenir. Comme nous nous esmer-
ueillons de l'aueuglement de ceux qui
nous ont precedez, lesquels ne pouuoient apperceuoir les choses qui
maintenant nous semblent claires &
euidentes ; ainsi nostre posterité ad-
mirera nostre ignorance, en d'autres
choses aussi claires & aussi manifestes.

Dans les premiers aages du monde,
les Islandois se croyoiét estre les seuls
habitans de la Terre; où s'il y en auoit
d'autres, ils ne pouuoient pas conceuoir comment il seroit possible d'a-
uoir commerce auec eux, estans ainsi
separez par la mer profonde & spa-
cieuse. Mais les siecles suiuans trouuerent l'inuention des Nauires, dans
lesquels toutesfois il falut vn hardy
auanturier pour se hazarder des premiers, selon le dire du Tragedien.

Trop hardy fut celuy qui d'vn foible vaisseau,

Osa fendre premier l'inconstant sein de l'eau.

Et neantmoins, combien cela est-il facile maintenant, aux cœurs mesmes les plus lasches & plus timides? Et certainement l'inuention de quelque moyen pour nous transporter à la Lune, ne nous peut pas sembler plus incroyable, que cet autre cy dessus le sembloit à ces peuples là au commencement, & partant il n'y a nul iuste suiet de se descourager dans l'esperance de pareil succez.

Voire, mais (direz-vous) on ne peut pas nauiger à la Lune, à moins que ce que les Poëtes feignent fust veritable, assauoir qu'elle fait son lict en la Mer. Nous n'auons pas vn Drake ou vn Colombe à present pour entreprendre ce voyage, ou vn Dedale pour inuenter vn passage au trauers de l'Air.

Ie responds, qu'encore que nous ne les ayons pas; pourquoy les siecles à venir ne pourroient-ils pas susciter

Sen. Med.
act. 1. vide
Horat.
Od. 3.
Iuuenal
fat. 12.
Claud.
præf. ad 1,
1. de rap.
Prof.

d'aussi eminens esprits, pour des entreprises nouuelles & des estranges inuentions, qu'aucun de ceux qui les ont precedez? Keppler est d'opinion que si tost que l'art de voler aura esté descouuert, quelqu'vn de sa Nation fera vne des premieres Colonies qui se transplanteront en cet autre monde là. Ie m'imagine que cette preeminence qu'il approprie à sa nation, peut proceder d'vne affection trop partiale qu'il luy porte. Mais neantmoins ie m'accorde auec luy iusqu'à ce poinct: Que lors que cet art de voler sera inuenté, ou quelqu'autre moyen par lequel vn homme puisse seulemēt estre porté à vingt mille ou dix lieuës de hauteur de terre ou enuiron, alors il ne sera pas tout à fait incroyable que quelqu'vn ne puisse reüssir en cette entreprise.

Et pour mieux esclaircir ce poinct, ie poseray ici premierement les doutes & difficultez que l'on apporte pour faire sembler cette chose estre entierement impossible, & puis apres i'y respondray.

Differt. cum Nunc. Syder.

Ils se reduisent principalement à
ces trois icy.

1. Le premier se prend de la pesanteur naturelle du corps de l'homme,
par laquelle il est rendu mal propre
au mouuement d'ascension, ensemble
la vaste distance qu'il y a entre ce lieu
là & nous.

2. De l'extréme froideur de l'air
etheré.

3. De l'extréme subtilité de ce mesme air ; l'vn & l'autre desquels doit
necessairement rendre ce passage impossible, quand bien il n'y auroit iusques là qu'autant de milles qu'il y en
a de milliers.

Pour le premier, bien qu'on sup-
posast qu'vn homme peust voler, si
pouuons-nous bien penser que ce seroit fort lentement, puis qu'il a vn
corps si pesant, & mesme que la
Nature n'a point particulierement
destiné à cette sorte de mouuement.
Il se remarque communément qu'entre la diuersité des oiseaux, ceux
qui conuersent le plus sur la terre, &
qui y sont les plus vistes à pied en leurs

courfes, comme le Faifant, la Perdrix
& autres, enfemble toute volaille do-
meftique, font moins capables pour le
vol, que ceux qui pour la plufpart du
temps font fur leurs aifles & qui vo-
lent inceffamment, comme les Arondelles & autres femblables. Et partant nous pouuons bien croire que
l'homme n'eftant pas naturellement
doüé d'vne condition qui le rende
capable de ce mouuement là, & eftant
neceffairement attaché à vne plus
particuliere refidence fur la terre,
doit de neceffité eftre plus lent que
aucun oyfeau , & moins capable de
continuer fon vol. De mefme en eft
il en l'art de nager, là où quoy que
cet art foit paruenu iufques à vn
haut degré de perfection en nos iours,
fi eft-ce que le plus habile & le plus
expert nageur ne peut egaler vn poif-
fon, foit pour la durée, foit pour la
vifteffe : Parce que naturellement il
n'eft pas deftiné à cela. Tellement
qu'encore qu'vn homme peuft voler,
fi feroit-ce fi lentement, & feroit fi
promptement las , qu'il ne pourroit

iamais

iamais efperer d'atteindre au bout d'vn fi grand voyage comme eft celuy de la Lune.

Mais fuppofons auec cela qu'il peuft voler auffi vifte & auffi long temps que le plus vifte oyfeau qui foit : fi ne conceuroit-on iamais comment il feroit poffible qu'il peuft paffer au trauers d'vne fi prodigieufe diftance comme il y en a entre la Lune & noftre terre. Car felon les principes communs, l'on eftime ordinairement que cette Planette-là eft efloignée de nous de 52. demy diametres de la terre. Contant pour chaque demy diametre 3456. milles *a* Angloifes, defquelles toute l'efpace entiere fera enuiron *b* 179712.

De forte que quand bien vn homme pourroit fans relafche continuer fon voyage en droite ligne, & voler mille milles ou cinq cens lieuës par iour, fi eft-ce qu'il n'y arriueroit pas à moins de 180. iours ou de fix mois.

Et comment feroit-il poffible de pouuoir eftre fi long temps fans nour-

a Ou 1728. lieuës Françoifes.

b ou 89856. lieuës.

riture ou ſans dormir ? Car,

1. Quant à la nourriture, ie croy qu'il ne ſe feroit pas bon fier à cetté plaiſante imagination de Philon Iuif, dont il a eſté parlé cy deſſus en la Propoſition 3. qui eſtime que l'harmonie des Spheres ſuppleeroit au defaut dé l'aliment.

Ni ne pouuons-nous pas bien conceuoir non plus comment vn homme pourroit porter auec ſoy toutes les choſes qui luy ſeroient neceſſaires pour vn ſi long & ſi ennuyeux voyage.

2. Mais poſé meſme qu'il le peuſt: encore luy faudroit-il quelque temps pour ſe repoſer & pour dormir. Et ie croy qn'à peine trouueroit-il où ſe loger par le chemin. Point d'hoſtelleries pour receuoir les paſſans, ny aucuns chaſteaux en l'aïr (ſi ce n'eſtoit de ces Palais enchantez) pour y recueillir les pauures Pellerins ou Cheualiers errans. Et ainſi par conſequent pourroit perdre toute eſperance d'y pouuoir iamais paruenir.

Nonobſtant tous leſquels doutes, ie

souſtiendray cette theſe.

Que poſé qu'vn homme peuſt voler, ou par quelqu'autre moyen s'eſleuer iuſqu'à vingt milles ou dix lieuës de hauteur ou enuiron, il luy ſeroit poſſible d'aller iuſques à la Lune.

Quant aux argumens de la premiere ſorte qui ſemblent renuerſer la verité de cette propoſition, ceux qui les font baſtiſſent ſur vn faux principe ou fondement : Pendant qu'ils ſuppoſent qu'vn corps condenſé retiendroit touſiours en ſoy en quelque lieu de l'air que ce fuſt, vne forte inclination à tendre en bas vers le centre de cette terre. Là où au contraire il y a beaucoup plus d'apparence que s'il eſtoit ſeulement quelque peu au deſſus de ce globe d'air nubileux & groſſier qui enuironne noſtre terre, il pourroit demeurer là immobile, & n'auroit en ſoy aucune propenſion à ce mouuement de deſcente.

Pour plus grande illuſtration de cecy : Vous deuez ſçauoir que la peſanteur d'vn corps, ou (comme le deſfinit Ariſtote) l'inclination qu'il a à

De cœlo
lib.4.cap.1.

tendre en bas vers quelque centre,
n'eſt pas vne qualité abſoluë qui luy
ſoit intrinſeque, comme ſi par tout ou
le corps retenoit ſon eſſence, il deuoit
auſſi retenir cette qualité : ou comme
ſi la Nature auoit planté en tout corps
maſſif *Appetitionem centri , & fugam
extremitatis* , l'inclination vers le centre, & l'auerſion de l'extremité. Parce que l'vn eſtant moins qu'vne quantité, & l'autre n'eſtant pas rien dauantage ne peuuent auoir en eux aucun
pouuoir d'attraction ou d'expulſion.
Suiuant ce commun principe, *Quan-
titatis nulla eſt efficacia.*

Vne attra-
ction ma-
gnetique
naturelle.
Ainſi Kep-
pler. Somn.
Aſtron. N.
66. Coper.
l.1.c.26.
Foſcarin.
in epiſt. ad
Sebaſt.Fan-
tonum.

Or la vraye nature de la peſanteur
eſt telle : aſſauoir vn deſir reſpectif &
mutuel d'vnion, par lequel les corps
condenſez, quand ils viennent au dedans de la ſphere de leur propre acti-
uité, s'appliquent naturellement l'vn
à l'autre par attraction ou coïtion.
Mais eſtans tous deux hors de l'atteinte de la vertu l'vn de l'autre, alors ils
ceſſent de ſe mouuoir : & bien qu'ils
ayent en eux vne aptitude generale,
ſi n'ont-ils pas pourtant aucune incli-

nation prefente ou propenfion l'vn
enuers l'autre. Et ainfi par confequent
ne peuuent eftre qualifiez pefans.

Ce qui fera plus clairement efclair-
cy par cette fimilitude. Comme tout
corps lumineux (par exemple le So- Gilbert. de
leil) iette hors fes rayons en forme Magnet,
orbiculaire: ainfi tout corps magne- li.2.c.7.
tique (pour exemple vne pierre d'aimant ronde) pouffe hors fa vertu
magnetique en forme de Sphere. De
cette façon.

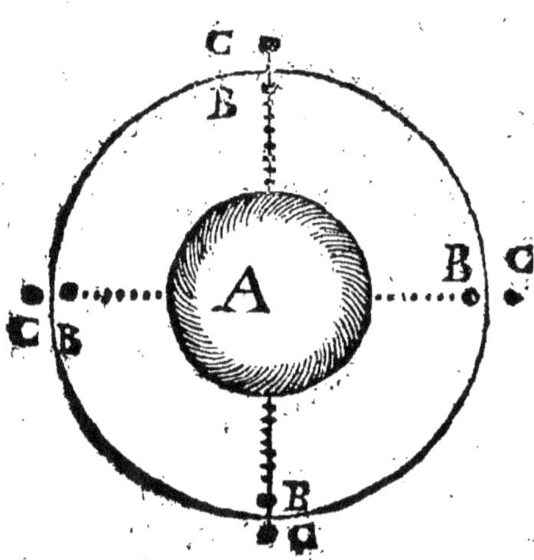

Pofez que le cercle interieur **A** re-
prefente l'Aimant, & le cercle exte-

rieur entre B C, le Globe qui termine sa vertu.

Or tout autre corps qui à pareille
inclination venant au dedans de cette
sphere, comme B, descendra incontinent vers le centre d'icelle, & en cet
esgard peut estre qualifié pesant. Mais
placez-le au dehors de cette sphere,
comme C, & alors le desir d'vnion
cesse, & par consequent le mouuement aussi.

Pour donc appliquer ce qui a esté
dit : l'on trouue par quantité d'obseruations, que ce grand globe de terre
& d'eau participe à ces proprietez ma-
gnetiques ou aimantines. Et comme
l'aimant pousse hors sa vigueur en
rond tout à l'entour de son corps en
vn circuit magnetique : de mesme en
fait nostre terre. La différence qu'il
y à est, que ce qui cause l'vnion du fer
& de l'Aimant, est vne autre sorte
d'inclination que celle qui fait mouuoir les corps vers la terre. La premiere est quelque espece de proximité &de similitude en leur nature,pour
laquelle la Philosophie n'a point en-

core iufques icy trouué de nom particulier. La derniere, naiſt ou reſulte dé
cette qualité particuliere, par laquellé
la terre eſt proprement diſtinguée d'a-
uec les autres Elemens, qui eſt ſa con-
denſité. De laquelle tant plus vne choſe participe, & plus fort ſera le deſir
d'vnion à icelle. Ainſi l'Or & les autres mettaux qui ſont les plus denſes
en leur compoſition, ſont auſſi plus vi-
ſtes en leur mouuement de deſcente.

Et quoy que cela ſemble eſtre contredit par l'exemple des mettaux, leſquels ſe trouuent eſtre de la meſme
peſanteur quand ils ſont fondus, que
quand ils ſont durs : Comme auſſi dé
l'eau, laquelle ne differé point au regard de ſa peſanteur quand elle eſt ge-
lée & quand elle eſt fluide : ſi faut-il
que nous ſçachions que les mettaux
ne ſont point rarefiez par la fonte,
mais amolis. Et de meſme pour ce qui
eſt des eaux gelées, elles ne ſont pas
proprement condenſées, mais conge-
lées en vne plus dure ſubſtance, les
parties n'eſtans pas pour cela plus reſ-
ferrées enſemble, mais poſſedans touſ-

iours la mesme extension. Mais neantmoins (di-ie) il est fort probable que
il y a vne telle sphere autour de la terre qui termine sa vertu d'attirer les
autres choses à soy. Tellement que
supposé qu'vn corps soit placé dans
les limites de cette sphere là ; & alors
il faudra necessairement qu'il tende
en bas vers le centre d'icelle. Mais
au contraire s'il est au delà de ce circuit, alors il n'y pourra auoir vne telle
attraction mutuelle; & ainsi par consequent doit demeurer là immobile
& exempt d'aucun tel mouuement.

Pour mieux confirmer cecy, ie pro-
poseray deux obseruations ou experiences fort pertinentes à ce propos.

La premiere se fit en la presence de
plusieurs Medecins, & est racontée
par vn personnage eminent en cette
profession là , assauoir Hieron. Fra-
castorius. C'est que prenans des es-
guilles de toutes sortes de metaux,
semblables à celles des Quandrans, ils
trouuerent qu'il y a vn pouuoir attra-
ctif non seulement en l'Aimant: Mais
que le fer aussi, & l'acier, & l'argent,

attire

Lib. de
Symp. &
Antipath.
cap. 7.

attire chacun son propre metal à soy.
D'où il conclud, *Omne trahit quod sibi
simile est*. Et comme ces choses, à cause de leur similitude ou ressemblance
particuliere, ont vne telle efficacé mutuelle ; aussi est-il vray semblable que
cette plus generale qualité de densité
peut estre la cause pourquoy les choses qui sont ainsi disposées desirent
l'vnion à la terre. Et bien qu'il y ait
apparence que la mesme chose se ren-
contreroit entre deux corps moins
condensez , (comme par exemple
deux morceaux de terre) s'ils estoient
tous deux placez en liberté dans l'air
etheré : si est-ce neantmoins qu'estans
proches de la terre , les plus fortes especes de ce grand globe , noyent, s'il
faut ainsi dire, les moindres.

C'est vne experience commune &
ordinaire, qu'vne pierre minerale qui
sur la terre ne peut estre remuée par
moins que de six hommes ; estant au
fond d'vne profonde mine , peut estre
remuée par deux. La raison est, pource qu'elle est enuironnée de rayons
attractifs, y en ayant beaucoup au des-
H h

Hist.Nat.
Cent.1.
exper. 33.

fus, aussi bien qu'au dessous d'elle.
D'où nous pouuons vray semblablement inferer, dit le docte Baccon, que
,, la nature de la pesanteur n'agist
,, aussi que foiblement esloignée de la
,, terre. Parce que le desir d'vnion és
,, corps denses doit estre plus esmous-
,, sé au regard de l'esloignement. Ce
que nous pouuons aussi conclurre du
mouuement des oyseaux, lesquels ne
s'esleuent de la terre que pesamment,
quoy qu'auec beaucoup de peine & de
trauail : Là où estans haut esleuez, ils
se peuuent tenir en l'air & s'essorer
tout à l'entour par la simple estenduë
de leurs aisles. Or la raison de cette
difference n'est pas, comme aucuns se
l'imaginent faussement, l'espesseur de
l'air qui est sous eux : Car vn oyseau
n'est pas plus pesant quand il n'y a que
vn pied d'air sous luy, que quand il y
en a six cens. Comme il appert d'vn
Nauire dans l'eau (exemple de cette
mesme nature) lequel n'enfonce pas
d'auantage, & par consequent n'est
pas plus pesant, quand il n'a que cinq
brasses d'eau, que quand il en a cin-

quante. Mais la vraye raiſon de cela
eſt, la foibleſſe du deſir d'vnion és
corps denſes, lors qu'ils ſont eſloignez.

Tellement que d'icy nous pourrions auoir iuſte occaſion de taxer
Ariſtote & ſes Sectateurs pour auoir
enſeigné que la peſanteur, de ſoy meſme, eſt vne qualité abſoluë, & reellement diſtincte d'auec la denſité : au
lieu que ce n'en eſt ſeulement qu'vne
modification, ou pluſtoſt vn autre
nom donné à vn corps condenſé eu
eſgard à ſon mouuement.

Car ſi elle eſtoit abſoluë, elle ſeroit
donc touſiours inherente en ſon ſuiet,
& ſon eſſence ne dependroit pas de
l'eſtre des corps çà ou là. Mais cela
n'eſt pas. Car,

1. Rien n'eſt peſant en ſon lieu naturel, ſelon ſon propre principe, *Nihil
graue eſt in ſuo loco*. Et puis,

2. Rien n'eſt peſant pourueu qu'il
ſoit ſi eſloigné de la propre Sphere à
laquelle il appartient, qu'il ne ſoit pas
dans l'atteinte de ſa verru. Comme il
a eſté confirmé cy deſſus.

H h ij

Obiection.

Mais à cecy on pourra obiecter,
qu'encore qu'vn corps eſtant ainſi
placé ne ſoit point peſant au ſecond
acte ; ſi l'eſt-il au premier acte, parce
qu'il retient en ſoy vne propenſion in-
terne à mouuoir vers bas, eſtant vne
fois ſeparé de ſon lieu naturel. Et cette ſeule raiſon diſent-ils ſuffiroit pour
faire voir que la qualité de la peſanteur auroit vn eſtre abſolu.

Solution.

Ie reſponds, que cette diſtinction
n'eſt applicable qu'à ces puiſſances naturelles qui peuuent ſuſpendre leurs
actes : & ne tiendra pas de meſme és
qualitez Elementaires, dont la vraye
eſſence requiert neceſſairement vn
exercice du ſecond acte, ainſi que vous
le pouuez voir aiſément par vne indu-
ction de tout le reſte. Ie ne puis pas
dire, qu'vn corps ait en ſoy la qualité
de chaleur, de froideur, de ſeichereſ-
ſe, d'humidité, de dureté, de moleſſe,
&c. qui pour le preſent n'a point le
ſecond acte de ces qualitez là. Et ſi
vous entendez par l'eſſence vne puiſſance à icelles, il n'eſt point de corps
naturel qui n'ait en puiſſance toutes

ces qualitez là.

De ce qui a esté dit touchant la nature de la pesanteur, il s'ensuiura: Que si vn homme estoit au dessus de la sphere de cette vertu magnetique qui procede de la terre, il pourroit se tenir là aussi fermement en plein air, qu'il fait maintenant icy. Et non seulement cela, mais mesmes il se pourroit aussi mouuoir auec beaucoup plus de vitesse qu'aucune creature viuante ne pourroit faire icy bas, parce qu'alors il seroit sans pesanteur, n'estant attiré en façon quelconque, & ainsi par consequent ne seroit point suiet à ces obstacles ou empeschemens qui en la moindre maniere peussent resister à cette sorte de mouuement auquel il se voudroit appliquer.

Que si vous demandez encore comment l'on pourroit conceuoir qu'il fust possible qu'vn corps condensé ne fust point pesant en vn tel lieu que celuy-là.

Ie responds que c'est par la mesme raison qu'vn corps n'est point pesant en son propre lieu naturel. I'en donneray icy deux exemples.

1. Quoy qu'vn homme, estant au fond d'vne profonde riuiere, ait sur luy vne grande quantité d'eaux pesantes ; si est-ce qu'il n'est point chargé de la pesanteur d'icelles. Et bien qu'vn autre corps qui seroit seulemét d'egale pesanteur à ces eaux là, lors qu'elles sont tirées hors de leur propre lieu, seroit assez pesant pour escraser vn homme en pieces ; si est-ce que pendant qu'elles sont dans leur canal, elles ne le froissent point en la moindre façon du monde par leur pesanteur ou faix. La raison est, parce que l'vn & l'autre sont en leur vraye place ; & c'est le propre de l'homme, estant vn corps plus condensé, d'estre plus bas que les eaux. Ou plustost, Pource que le corps de l'homme symbolise de plus pres auec la terre en cette chose, qui est le vray principe ou fondement de son attraction, & partant elle l'attire plus fortement, que les eaux qui sont par dessus luy. Or comme en vn tel cas vn corps peut perdre l'operation de sa pesanteur,

qui est de se mouuoir ou presser vers
bas : de mesme en peut-il estre quand
il est si esloigné de son lieu naturel,
que cette puissance attractiue ne puisse atteindre iusques à luy.

C'est vne notion assez gentille à ce
propos, dont *a* Albert de Saxe fait
mention, & apres luy *b* François
Mendoce; Que l'air, en quelque partie d'iceluy, est nauigable. Et ce sur ce
principe statique; qui est que tout vaisseau d'arain ou de fer (comme par
exemple vn chauderon) duquel bien
que la substance soit beaucoup plus
massiue que non pas celle de l'eau,
neantmoins estât plein d'air plus leger
il flotera sur l'eau, & n'enfôcera point.
De mesme, supposez qu'vn vaisseau
ou vne escuelle de bois fust posée sur
les bords exterieurs de cét air elementaire, sa cauité estant pleine de feu, ou
plustost d'air etheré; il faudroit necessairement, sur ce mesme fondement
ou principe, qu'elle y demeurast flot-
tante, & d'elle mesme ne pourroit pas
tomber en bas, non plus qu'vn nauire
vuide couler à fond.

a Phys. li. 3.
q. 6. art. 2.
b Viridar.
l. 4. Prob.
47.
Vide Arch.
l. de insi-
dentibus
humido.

2. C'eſt vne choſe dont on demeure generalement d'accord, que ſi la terre eſtoit percée d'outre en outre, & que le trou allaſt iuſtement paſſer par le centre, & qu'on y laiſſaſt choir quelque corps peſant, voire fuſt-ce vne meule de moulin ; ſi eſt-ce que lors qu'elle viendroit à l'endroit du centre, elle s'y arreſteroit tout court ſuſpenduë en l'air. Or comme en ce cas icy ſa denſité ne pourroit pas empeſcher qu'elle ne reſtaſt immobile en plein air, quand il n'y a point d'autre lieu où elle deuſt eſtre attirée : De meſme ne luy feroit-ce pas non plus aucun empeſchement, ſi elle eſtoit placée hors de la ſphere de la vigueur magnetique de la terre, où il n'y auroit aucune attraction du tout.

D'icy donc, di-ie, vous pouuiez conceuoir que ſi vn homme eſtoit au deſſus de cette ſphere, il pourroit ſe tenir là auſſi fermement en plein air, qu'il fait icy maintenant ſur la terre. Et s'il s'y peut arreſter & y demeurer coy, pourquoy n'y pourroit-il pas auſſi cheminer ? Et ſi ainſi eſt, il y a donc pareil-

pareillement quelque possibilité d'a-
uoir les autres commoditez propres
pour y voyager.

Et est icy considerable, que puis que
nos corps seroient alors exempts de
toute pesanteur & d'autres empeschemens au mouuement, nous ne nous
consumerions point du tout par aucun trauail, & ainsi par consequent
nous n'aurions pas beaucoup de besoin de reparer nos forces par la nourriture ; mais pourrions peut estre viure sans manger, comme font ces animaux, qui à cause de leur dormir par
plusieurs iours de suite, ne dissipent
point d'esprits, & par consequent ne
ont point besoin de nourriture : ce
qu'on racôte communément des Ser-
pens, des Crocodiles, des Ours, Co-
cus, Arondelles & autres semblables.
Mendoce nous recite à ce propos plu- Viridar.
sieurs estranges histoires. Comme l.4. prob.
celle d'Epimenides, lequel est dit auoir 24.
dormi 75. ans. Et vne autre d'vn pay-
san d'Alemagne qui par accident ayāt
esté couuert d'vn mulon de foin, dor-
mit là toute l'Automne & tout l'Hy-

I i

uer fans aucune nourriture.

Ou s'il faut neceſſairement ſe repaiſtre de quelque choſe; pourquoy
les odeurs ne nous pourroient-elles
pas nourrir ? *a* Plutarque & *b* Pline, &
diuers autres anciens nous parlent
d'vne certaine Nation és Indes qui ne
viuoit que d'agreables odeurs & par-
fums. Et l'opinion commune des Medecins eſt, que ces choſes fortifient
merueilleuſement, & reparent les
eſprits. De là vient que Democrite
fut capable par pluſieurs iours conſe-
cutifs de ſe repaiſtre de la pure odeur
de pain chaud.

Où s'il eſt neceſſaire que nos eſto-
machs reçoiuent quelque aliment : il
n'eſt pas impoſſible que la pureté de
l'air etheré, n'eſtant meſlé d'aucunes
vapeurs mal-faiſantes, ne puiſſe eſtre
ſi agreable & ſi couenable à nos corps,
que de nous fournir de ſuffiſante
nourriture; Suiuant le dire du Poëte:

Il ſe nourrit d'vn air celeſte & eſpuré.

C'eſtoit vn ancien principe Platonique, qu'il y a en quelque partie du
monde vn certain lieu, où les hommes

peuuent plantureusement estre nourris du seul air qu'ils y respirent : ce qui
ne peut plus proprement estre assigné
à aucun lieu particulier , qu'à l'air
etheré qui est au dessus de celuy-ci.

Ie sçay bien que c'est l'opinion com- *Aristot. de*
mune , que nul element ne peut estre *Sens. c. 5.*
vn aliment, pource qu'il n'est pas pro-
portionné aux corps des creatures vi-
uantes qui sont composez. Mais,

1. Cet air etheré n'est pas vn element : & combien qu'il soit plus pur,
si est-ce que peut estre il s'accorde
mieux auec la nature & constitution
de l'homme.

2. Si nous consultons l'experience,
& les croyables rapports de plusieurs;
nous trouuerons qu'il y a assez d'apparence que diuerses choses reçoiuent nourriture des seuls Elemens.

Premierement pour ce qui est de la *LA TER-*
terre : Ces deux grands naturalistes *RE.*
a Aristote & *b* Pline , nous parlent de
certains animaux qui en sont entiere- *a* Hist. Ani.
ment nourris. Et ce fut la malediction *li. 8. ca. 5.*
denoncée au Serpent, Genes. 3. 14. *b* Hist. l. 10,
Tu chemineras sur ton ventre, & mange- cap. 72.

ras la poußiere tous les iours de ta vie.

L'EAV.
a De Anim.
lib.7.

Ainsi pour le fait de l'eau. *a* Albert le grand nous parle d'vn certain homme qui vescut sept semaines toutes entieres par le seul breuuage d'eau.

b De Pisci-
bus l.1.c.
12.

b Rondelet, aux soins & à la diligence duquel ces derniers temps ont beaucoup d'obligation pour diuerses obseruations touchant la nature des aquatiles, asseure que sa femme auoit gardé vn poisson trois ans dans vn vaisseau de verre plein d'eau, sans luy bailler aucune autre nourriture. Pendant lequel espace de temps ce poisson creut de telle sorte, que quelque peu de temps apres y auoir esté mis, il ne pouuoit plus sortir par où il estoit entré, & en fin deuint trop grand pour le vaisseau mesme, bien qu'il fust de tres grande capacité.

c De Subtil.
lib.9.

c Cardan nous parle de certains vers qui s'engendrent & se nourrissent de neige, de laquelle estans vne fois separez, meurent.

L'AIR.

De mesme en est-il de l'Air, lequel comme nous pouuons voir aisément contribuë principalement à la nourri-

ture de tous les vegetaux. Car s'ils
sucçoient toute leur nourriture de la
terre, on apperceuroit sans doute
alors quelque decadence sensible au
terroir d'alentour d'eux; specialement
puis que tous les ans ils renouuellent
& leurs fueilles & leurs fruicts, lesquels estans en si grand nombre ne
pourroient pas estre produits sans
grande abondance de nourriture. A
ce propos se rapporte fort bien l'experience des arbres couppez & abattus,
qui d'eux-mesmes poussent hors leurs
reiettons. Comme aussi celle des oi-
gnons & de l'herbe nommée Ioubar-
de, qui poussent merueilleusement
leurs reiettons, & croissent estans pen-
dus en plein air. De mesme est-il aussi
de quelques animaux sensitifs. Le
Cameleon, disent *a* Pline & *b* Solinus,
est purement nourri d'air: comme aussi les oyseaux de paradis, dót plusieurs
Autheurs ont traicté, qui resident
constamment en l'air, Nature ne leur
ayant point donné de iambes, & partant ne se voyent iamais sur la terre,
que morts. Que si vous demandez

a Hist. li. 8. cap. 33. Polyb. hist. cap. 53. *b* Lop. hist. Ind. Occid. c. 96.

Il y a apparence que ces oyseaux resident principalement en l'air etheré, où ils sont nourris & soustenus,

comment ils multiplient : On respond, qu'ils pondent leurs œufs fur le
dos les vns des autres, & les y couuent
fans en partir iufqu'à tant que leurs
petits foient emplumez. *a* Rondelet,
de l'hiftoire de Hermolaus Barbarus,
nous dit qu'vn certain Preftre, (qu'vn
Pape auoit en fa garde,) vefcut quarante ans d'air fimplement. Comme
auffi d'vne certaine fille en France, &
d'vne autre en Allemagne, qui par
l'efpace de plufieurs années ne fe re-
peurent d'autre chofe. Voire il affirme qu'il en auoit veu vne luy-mefme
qui vefcut iufqu'à l'aage de dix ans,
fans aucun autre aliment. Vous trouuerez la plufpart de ces chofes & autre exemples fur ce fuiet, recueillies
par *Mendoça Viridar. li.* 4. *Prob.* 2 3.
2 4. Or fi cet air elementaire, qui eft
meflé de tant de vapeurs impures,
peut nourrir par accident quelques
perfonnes : peut-eftre donc que ce pur
air etheré, pourra eftre de foy mefme
plus naturel à noftre temperament.

Mais fi pas vne de ces coniectures
ne vous peuuent fatisfaire, peut eftre

se pourra-il trouuer quelque moyen pour faire porter auec soy d'autre nourriture ou viures, comme il sera monstré cy apres.

De plus, veu qu'alors nous ne nous vserons, ny ne nous consumerons point en aucun trauail, nous n'aurons peut estre que faire d'estre reparez par le dormir. Mais quand bien il le faudroit, nous ne sçaurions desirer vn lict plus molet que l'air, où nous pourrons reposer aussi fermement & seurement, que si nous estions dans nos propres chambres.

Mais icy vous pourrez demander, n'y a-t'il point moyen de sçauoir iusques où s'estend cette Sphere de la vertu de la terre?

Ie responds, qu'il y a bien de l'apparence qu'elle ne s'estend guere plus loin que cet orbe d'air espais & nubileux qui enuironne la terre: parce que selon toute vraye semblance le Soleil peut exhaler des vapeurs terrestres iusqu'au pres des dernieres limites de la sphere qui leur est assignée.

Or il y a diuers moyens dont les

Aſtronomes ſe ſeruent pour prendre
la hauteur de cet air nuageux. Comme,

1. Par l'obſeruation de la hauteur
de cet air qui cauſe le Crepuſcule.
Pour laquelle deſcouurir, les anciens
vſoient de ce moyen. Si toſt qu'ils
pouuoient diſcerner l'air en l'Orient
eſtre alteré par la moindre lumiere,
ils trouuoient par la ſituation des
Eſtoilles, à combien de degrez eſtoit
le Soleil ſous l'horiſon, qui ordinairement eſtoit enuiron 18. degrez. De
là ils concluoient aiſément à quelle
hauteur il falloit que cet air là fuſt ſur
nous, ſur lequel le Soleil pouuoit luire
lors qu'il eſtoit 18. degrez ſous nous.
Et de cette obſeruation il fut conclu
eſtre enuiron à 52. milles de hauteur,

    Mais en cette concluſion les anciens
ſe ſont grandement trompez, parce
qu'ils ſe fondoient ſur vn faux principe, pendant qu'ils ſuppoſoient que la
lueur des rayons droicts du Soleil ſur
l'Air, eſtoit la ſeule cauſe du Crepuſcule: Au lieu qu'il eſt tres certain,
qu'il y a beaucoup d'autres choſes qui
peuuent

Vitell.l.10
Theo. 7.

Kepl. Ep.
Coprin. li.
1. par 3.

peuuent aussi contribuer à la cause
d'iceluy. Comme,

1. Quelques nuées claires sous l'ho-
rifon, lefquelles eftans illuminées par
le Soleil, peuuent feruir de moyen
pour porter quelque lumiere à noftre
air auant que les rayons droits du Soleil le puiffent toucher.

2. La refraction continuelle des
rayons, qui fouffrent vne frequente
repercuffion de la cauité de cette fphe-
re, nous peut femblablement donner
quelque clarté.

3. De mefme en peut faire l'orbe
d'air illuminé qui enuironne le Soleil,
partie duquel fe doit leuer auant fon
corps.

2. Le fecond moyen par lequel
nous pouuons plus feurement trouuer la hauteur de cet air groffier, eft
en prenant la hauteur de la plus haute
nuée : ce qui fe peut faire,

1. Ou comme on a accouftumé de
mefurer la hauteur des chofes dont on
ne peut approcher, affauoir par deux
ftations, quand deux perfonnes en
mefme temps, en lieux diuers, ob-

K k

Steuin.
Geog. l. 3.
prop. 3.

ſerueront la declinaiſon de quelque
nuée du poinct vertical. Ou 2. qui eſt
la voye la plus facile ; quand on choi-
ſira vne ſtation d'où l'on puiſſe à quelque diſtance diſcerner le lieu ſur lequel la nuée iette ſon ombre , & ob-
ſeruer auec cela combien & la nuée &
le Soleil declinent du poinct vertical.
D'où l'on en pourra aiſément cōclur-
re la vraye hauteur, ainſi que vous le
pourrez comprendre plus clairement
par cette figure ſuiuante.

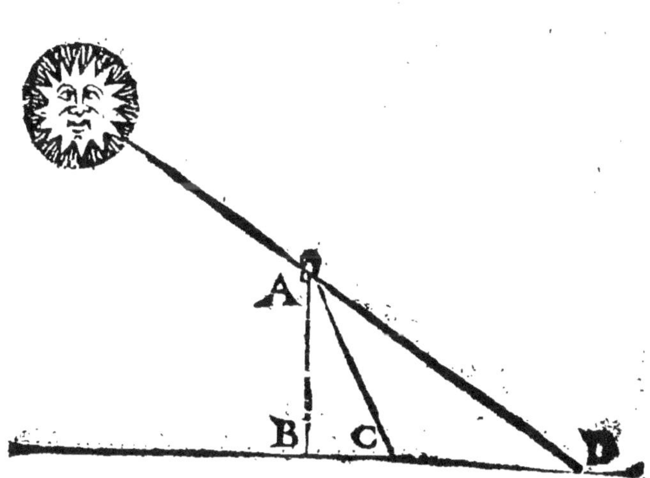

Où A B eſt la perpendiculaire de la
nuée, C la ſtation de celuy qui meſure, & D le lieu où l'ombre de la nuée
tombe.

L'instrument estant dirigé de la station C à la nuée A, la perpendiculaire monstrera l'angle B A C. Puis laissant luire le Soleil au trauers des veuës de vostre instrument, la perpendiculaire vous donnera l'angle B A D. Apres cela, ayant mesuré la distance de C D par les pas, vous pouuez selon les reigles communes trouuer la hauteur de B A.

Pitisc. Trigon.

Mais si sans en faire l'experience vous mesmes vous desirez sçauoir à quelle hauteur se trouue la plus haute de ces nuées par l'obseruation d'autruy : *a* Cardan respond qu'elle n'est pas à plus de deux milles ; & *b* Keppler à 1600. pas ou enuiron.

a Subtil. l. 17. b Epit. Copern. l. 1. p. 3.

3. Le troisiéme moyen pour trouuer la hauteur de cet air nuageux, est de cognoistre la difference de l'altitude qu'il cause par la refraction des rayons de quelque estoille proche de l'horison. Et de cette obseruation aussi on le côclud ordinairement estre enuiron à deux ou trois milles de hauteur.

Or ne vous faut-il pas pourtant en-

tendre cela comme si la Sphere de la
vigueur magnetique estoit bornée en
vne exacte superficie; ou comme si
elle s'estendoit esgalement iusqu'à
vne telle ligne determinée, & pas plus
auant : Mais comme il a esté dit de la
premiere region, laquelle se termine
là où la chaleur de reflexion commence à deuenir foible : aussi est-il probable que cette vigueur magnetique re-
lasche de ses degrez à proportion de
son esloignement de la terre, qui est
la cause d'icelle : Et partant bien que
les plus espesses nuées ne se puissent
pas esleuer plus haut, si est-ce que cette sphere se peut continuer vn peu par
de là. Nous la supposerons donc estre
(qui selon toute apparence est le plus)
enuiron à 20. milles de hauteur.   De
sorte que vous voyez que la precedeñ-
te these demeure probable; assauoir
que si vn homme pouuoit seulement
voler, ou par quelqu'autre moyen atteindre à vingt milles de hauteur de
la terre, il luy seroit possible de paruenir iusqu'à la Lune.

Mais on pourra encore obiecter,

que quand bien tout cela feroit veritable ; quand bien il y auroit vn tel
orbe d'air qui terminaſt la vigueur de
la terre : Et quand bien la peſanteur
de nos corps ne pourroit empeſcher
noſtre paſſage au trauers de ces vaſtes
eſpaces de l'air etheré ; ſi eſt-ce que ces
deux autres obſtacles icy ſembleroient
denier la poſſibilité d'vn tel voyage.

1. L'extréme froideur de cet air là.
Car ſi pour cette meſme raiſon quelques-vnes de nos plus hautes montagnes ſont inhabitables ; beaucoup
plus donc le feront ces lieux là, leſquels ſont ſi eſloignez de toute cauſe
de chaleur.

2. L'extréme ſubtilité de ce meſme
air, laquelle le peut rendre mal propre à l'expiration. Car ſi en quelques
montagnes (comme Ariſtote le raconte du Mont Olympe, & de ſes eſ-
crits S. *a* Auguſtin) l'air eſt ſi ſubtil
que les hommes n'y peuuent reſpirer,
ſi ce n'eſt par le moyen de certaines eſponges humectées : beaucoup plus
donc cet air là le doit-il eſtre, lequel
eſt en vne ſituation plus eſloignée des

a In Gen.
ad literam.
l. 3. c. 2.

causes de l'impureté & du meslange. Et puis d'ailleurs, la refraction qui se fait par l'air grossier qui enuironne nostre terre, peut suffisamment prouuer qu'il y a grande difference entre l'air etheré & celui-cy, au regard de la rareté.

A la premiere de ces obiections ie responds, qu'encore que la seconde region soit naturellement doüée de tant de froideur que de la pouuoir rendre propre pour la production des meteores : si ne s'enfuiura-il pas de là que tout l'air qui est au dessus, qui n'est pas ordonné à pareille fin, doiue participer à la mesme nature & condition : Mais il y a plus d'apparence que cet air etheré soit exempt de toute qualité dans les extrémes. Ce qui se peut confirmer de ces argumens communs qu'on allegue ordinairement pour prouuer la chaleur de la troisié-me region : ainsi que vous le pouuez voir dans *a* Fromondus & autres, qui traictent de ce suiet.

a Meteor. lib.1. c.2. art. 1. Comment. in Gen.1.8.

Pererius affirme, que la seconde region n'est pas froide simplement

pour cette raison , assauoir pource
qu'elle est distante des causes ordinaires de la chaleur; mais pource que dés
le commencement elle a esté ainsi faite actuellement pour la condensation
des nuées, & pour la production d'autres Meteores qui s'y deuoient engen-
drer : ce qui se pourroit ce me semble
suffisamment confirmer de l'ordre de
la creation obseruée par Moyse, qui
nous dit que les eaux au dessus du firmament (par lesquelles selon toute
vray semblance nous deuons entendre les nuées en la seconde region)
furent *a* faites le second iour, là où le
Soleil mesme , dont la reflexion est
cause de la chaleur, ne fut pas creé iusqu'au *b* quatriéme iour.

    A la seconde obiection ie responds:
Qu'encore que l'air en la seconde region (où c'est qu'à raison de sa froideur il y a plusieurs vapeurs espesses) cause vne grande refraction ; si
est-ce neantmoins qu'il y a bien de
l'apparence que l'air qui est proche de
la terre, est aucunesfois, & en quelques lieux, d'vne beaucoup plus gran-

a Genes. 1.
6. & 7.

b Verset.
16. & 19.

de tenuité, voire autant rarefié que
l'air etheré mesme : puis que quelquesfois il y a vne telle chaleur specia-
le du Soleil, qu'elle le peut rarefier en
vn eminent degré : Et en quelques
lieux arides, il n'y a point d'exhalaisons impures & grossieres pour mes-
ler auec iceluy.

Mais icy on pourra obiecter. Si l'air
en la seconde region estoit plus condensé & plus pesant que celuy que
nous respirons : Il faudroit donc necessairement qu'il tendist en bas, &
possedast le plus bas lieu.

A cecy quelques-vns respondent,
que de voir les nuées se tenir pendantes en l'air, n'est pas moins qu'vn miracle. Ce sont les paroles de Pline.
*Y a-il chose plus admirable, dit-il, que de
voir des eaux demeurer fermes & pendantes en l'air ?* D'autres le prouuent de
la deriuation du mot שמים de שאה
stupefiere & מים *aqua* : Pource que
les eaux sont là suspenduës d'vne façon si estonnante & si inconceuable.
Ce qui semble aussi estre appuyé de
l'Escriture, où il est fait mention comme

me d'vn puissant argument de la toute puissance de Dieu, qu'il soustient
les nuées à ce qu'elles ne tombent
point. *Il enserre les eaux dans ses nuées* Iob. 26. 8.
espaisses, & la nuée ne s'esclate point sous
icelles.

Mais ce qui me semble satisfaire entierement à ce doute, est cette consideration ; assauoir que la vigueur naturelle, par laquelle la terre attire à soy
les corps denses, est moins efficacieuse
à quelque distance ou esloignement:
& partant vn corps de moindre densité qui est plus proche d'elle, comme
est par exemple cét air rare dans lequel nous respirons, peut neantmoins
naturellement estre plus bas en sa situation, qu'vn autre de plus grande
densité qui est plus esloigné ; comme
par exemple les nuées dans la seconde
region. Et bien que l'vn soit absolu-
mēt & de soy-mesme plus propre à se
mouuement de descente ; si est-ce qu'à
cause de son esloignement, la vertu
magnetique de la terre ne peut pas si
puissamment agir sur luy.

Et quand à cette relation d'Aristo-

L l

te mentionnée ci-deſſus, quand bien
elle ſeroit veritable, ſi ne prouue-t'elle
pas que cét air ſoit entierement impoſſible à paſſer, puis que des eſponges
humectées nous pourroient aider contre ſa rareté. Mais il y a plus d'apparence qu'il l'a priſe ſur la foy d'autruy, comme il a fait pluſieurs autres
relations touchant la hauteur des
montagnes, où il eſt clair & euident
qu'il s'eſt groſſierement mépris. Comme quand il nous dit que le Caucaſſus
jette vn ombre de 560. milles. Et cette relation precedente eſtant de meſme nature, nous ne pouuons pas ſeu-
rement nous en croire à luy pour la
verité d'icelle.

Mais ſi on demande icy, quels moyens on ſe pourroit imaginer pour
nous eſleuer au delà de la ſphere de
cette vigueur magnetique de la terre:

Ie reſponds. 1. Que peut-eſtre il n'eſt
pas impoſſible qu'vn homme puiſſe
eſtre capable de voler en l'air par l'ap-
plicatió de certaines aiſles à ſon corps,
ainſi qu'on depeint les Anges, ou comme on feint Mercure & Dædale, &

comme cela a esté attenté & entrepris
par diuerses personnes, & particulierement par vn Turc à Constantino-
ple, ainsi que le raconte Busbequius.

2. S'il y a vn si grand Oyseau en Ma-
dagascar, ainsi que le raconte *a* Paulus
Venetus, dõt les plumes des aisles sont
de douze pas de longueur, & qui peut
enleuer en l'air vn cheual & son che-
uaucheur, auec autant de facilité que
feroit vn de nos Milans vne petite sou-
ris; il ne faudroit donc qu'instruire vn
de ces Oyseaux à porter vn homme,
& l'on pourroit cheuaucher iusques
là sur son dos, comme fait Ganimede
sur vn Aigle.

3. Qu si l'vn ou l'autre de ces moyens
là n'est pas suffisant: Si puis-je affirmer
serieusement & sur de tres-bons fondemens, qu'il seroit possible de faire
vn chariot volant, dans lequel vn homme pourroit estre assis & luy donner
tel mouuement, qu'il pourroit estre
porté, & pourroit passer au trauers de
l'air. Et mesme on le pourroit faire
assez grand pour y mettre plusieurs
persónes à la fois, auec des viures pour

Burton.
Melãchol.
p. 2. sect. 2.
mem. 3.
a Lib. 3.
cap. 40.

leur voyage, & autres danrées pour le
commerce. Ce n'est pas la grandeur
d'vne chose en ce genre de machines
qui puisse en empescher le mouuement, pourueu que la faculté mouuan-
te s'y rapporte & y responde. Nous
voyons vn grand Nauire flotter aussi
bien sur l'eau, qu'vn petit morceau de
liege; & vn Aigle voler en l'air aussi
bien que le moindre moucheron.

Cette machine se pourroit inuenter
des mesmes principes, par lesquels
Archytas fit voler vn pigeon de bois,
& Regiomontanus vn Aigle.

Ie m'imagine qu'il ne seroit pas bien
difficile (à qui en auroit le loisir) de
monstrer plus particulierement le
moyen de la composer.

L'accomplissement d'vne telle inuention seroit d'vn si excellent vsage,
qu'elle suffiroit non seulement à rendre vn homme fameux, mais aussi le
siecle dans lequel il auroit vescu. Car
outre les estranges descouuertes, qui
par le moyen d'icelle se pourroient
faire en cét autre Monde là; elle seroit
encore d'vn aduantage inconceuable

pour voyager icy bas, au delà de toute
autre commodité qui soit maintenant
en vsage.

De maniere que nonobstant toutes
ces impossibilitez apparentes, il est assez vray-semblable qu'il se pourra inuenter quelque moyen pour voyager
à la Lune. Et combien seront heureux
ceux qui reüssiront les premiers en
cette entreprise!

O bien-heureux Esprits ! qu'vne viue
    estincelle
Du diuin Promethée à porté iusqu'aux
    Cieux,
Bien loin de ces broüillards que la terre
    recelle,
Qui suffoquent nostre ame & nous creuent
    les yeux.

F I N.

TABLE

DES PROPOSITIONS,

prouuées en ce premier Liure,

PROPOSITION I.

PROPOSITION II.

PROPOSIT. III.

PROP. IV.

PROP. V.

Que la Lune n'a aucune clarté d'elle mesme.   pag. 72.

PROP. VI.

Que plusieurs Mathematiciens tant anciens que modernes, ont creu qu'il y a vn Monde dans la Lune ; & que cela se peut probablement recueillir des maximes de ceux qui sont d'autre sentiment.   pag. 87.

PROP. VII.

Que ces taches, & ces plus claires parties que nous voyons dans la Lune, montrent la difference d'entre la Mer & le Terre en cét autre Monde là.   pag. 103.

PROP. VIII.

Que les taches representent la Mer, & les parties les plus claires la Terre. pa. 114.

PROP. IX.

Que dans le corps de la Lune il y a des hautes Montagnes, des profondes Vallées, & des Campagnes spacieuses.   pag. 130.

PROP. X.

Qu'il y a vn Atmosphere ou globe d'Air vaporeux & grossier qui enuironne immediatement le corps de la Lune.   pag. 155

PROP. XI.

Que comme ce Monde là est nostre Lune, qu'ainsi nostre Monde est la Lune de ce Monde là.   pag. 163.

PROP. XII.

Qu'il est bien probable que dans ce

Fin des Propositions.